本书是河北省高等学校科学技术研究项目"热熔装饰玻璃生□□□实践"（项目编号：ZD2019113）的研究成果

热熔装饰玻璃生产工艺关键技术研究与实践

李小娟 著

燕山大学出版社

·秦皇岛·

图书在版编目（CIP）数据

热熔装饰玻璃生产工艺关键技术研究与实践/李小娟著. —秦皇岛：燕山大学出版社，2023.7
ISBN 978-7-5761-0511-7

Ⅰ.①热… Ⅱ.①李… Ⅲ.①玻璃-加工-生产工艺-研究 Ⅳ.①TQ171.6

中国国家版本馆 CIP 数据核字（2023）第 057949 号

热熔装饰玻璃生产工艺关键技术研究与实践
RERONG ZHUANGSHI BOLI SHENGCHAN GONGYI GUANJIAN JISHU YANJIU YU SHIJIAN

李小娟 著

出 版 人：陈　玉

责任编辑：孙志强　　　　　　　　　策划编辑：孙志强
责任印制：吴　波　　　　　　　　　封面设计：刘馨泽
出版发行：燕山大学出版社 YANSHAN UNIVERSITY PRESS
　　　　　　　　　　　　　　　　　电　　话：0335-8387555
地　　址：河北省秦皇岛市河北大街西段 438 号　　邮政编码：066004
印　　刷：廊坊市印艺阁数字科技有限公司　　　经　　销：全国新华书店

开　　本：710 mm×1000 mm　1/16　　　印　　张：10.5
版　　次：2023 年 7 月第 1 版　　　　　印　　次：2023 年 7 月第 1 次印刷
书　　号：ISBN 978-7-5761-0511-7　　　字　　数：191 千字
定　　价：39.00 元

前　　言

我国建筑装饰消费市场庞大。建筑装饰玻璃以其品种的多样性、性能的特异性而得到广泛应用。其中热熔玻璃、琉璃玻璃、热弯玻璃因其独特的装饰效果、艺术效果，深受消费者喜爱。热熔玻璃又称水晶立体艺术玻璃或熔模玻璃，属于玻璃热加工工艺。其采用特制热熔炉，以平板玻璃作为主要原材料，设定特定的加热工艺和退火制度，加热到玻璃软化点以上，使玻璃软化或熔融，经凹陷入模成型、退火成为一定平面、立体形态的装饰材料；琉璃作品经过手工雕塑、热熔炉内烧制铸造，色彩的流动与造型的灵动，赋予作品生命力而成为具有观赏、收藏价值的艺术品；热弯玻璃与热熔玻璃加工类似，由平板玻璃加热软化在模具中成型，再经退火制成。

本书是河北省高等学校科学技术研究项目"热熔装饰玻璃生产工艺关键技术研究与实践"（项目编号：ZD2019113）的研究成果。本书立足于目前我国装饰玻璃应用现状，结合先进的绿色环保理念及研究成果，系统介绍了热熔玻璃、琉璃玻璃、热弯玻璃的选材、加工过程以及采取的环保措施，旨在引导我国装饰玻璃加工的进步与创新，推动装饰玻璃加工行业的高质量发展。本书主要内容包括热熔玻璃生产技术、琉璃玻璃生产技术、热弯玻璃生产技术以及热熔玻璃加工过程的环保措施共四部分。本书在内容上具有如下特点：

（1）实用性强，根据书中介绍工艺，利用所述参数可生产出产品。

（2）集生产加工、环保理念、艺术品欣赏于一体，适合不同层次和水平的读者阅读。

由于作者水平有限，书中难免有疏漏和不妥之处，恳切希望广大读者批评和指正，以使本书不断完善。

目　　录

第1篇 热熔玻璃生产技术

模块1 热熔玻璃工艺认知

玻璃是一种熔融时形成连续网络结构,冷却过程中黏度逐渐增大并硬化而不结晶的硅酸盐类非金属材料。

玻璃在装修中的使用是非常普遍的,从外墙窗户到室内屏风、门扇等都会使用到。玻璃简单分类主要分为平板玻璃和特种玻璃。平板玻璃主要分为三种:引上法平板玻璃(分有槽、无槽两种)、平拉法平板玻璃和浮法玻璃。浮法玻璃由于厚度均匀、上下表面平整平行,再加上劳动生产率高及利于管理等方面的优点,正成为玻璃制造方式的主流。

1.1 浮法玻璃生产概述

1.1.1 浮法玻璃生产工艺流程

浮法成型工艺的诞生和普及是平板玻璃原片生产方法的一次重大革新,促使了平板玻璃产量的增加和科技进步,而科技的进步又促进了平板玻璃品种及其应用范围和市场的扩大。平板玻璃工业涵盖着不同的行业和市场,它所提供的玻璃原片可以用来制造建筑安全玻璃(钢化、夹层、防弹、防火)、汽车安全玻璃(风挡、侧窗、天棚)、建筑节能玻璃(中空、真空、Low-E)、建筑装饰玻璃(釉面、镀膜、彩绘)及其他工业用特种加工玻璃制品(导电膜玻璃、仪表玻璃、电子工业用玻璃基片、医用玻璃)。因此,玻璃产品和生产、使用、销售已深入军工、科研、民用、工业、特种行业等领域。

浮法玻璃生产工艺主要包括:①原料加工。将块状原料粉碎,使潮湿原料干燥,将含铁原料进行除铁处理,以保证玻璃质量。②配合料制备。③玻璃的熔制。玻璃配合料在池窑内进行高温加热,使之形成均匀、无气泡,并符合成型要求的液态玻璃。④玻璃的成型。熔融玻璃从池窑中连续流入并漂浮在相对密度较大的锡液表面上,在重力和表面张力的作用下,玻璃液在锡液面上铺开、摊平,上下表面平整、硬化,冷却后被引上过渡辊台。辊台的辊子转动,把玻璃带拉出锡槽进入退火窑。

1

⑤玻璃的退火。玻璃的退火是一种消除或减小玻璃中的残余应力至允许值的热处理过程,这个过程是在退火窑内完成的。⑥检验、切裁和包装。经过退火的合格玻璃板经过检验、切裁和包装就得到浮法玻璃产品。

1.1.2 浮法玻璃的优点

浮法玻璃与机械磨光玻璃相比较,具有以下明显的优点。

(1)建设快

由于浮法玻璃生产不需要进行砂子分级和机械磨光设备的制造和安装,因此其建设速度要比连续机械磨光线快得多。

(2)投资少

由于浮法玻璃生产不需要进行砂子分级和机械磨光设备的设备投资,而且其占地面积相对来讲也比较小。一般只为连续机械磨光生产线的50%左右。

(3)质量好

浮法玻璃的平整度、平行度和透光度完全可以与机械磨光玻璃相媲美,而其他性能如机械强度和热稳定性,都比机械磨光玻璃好。

(4)产量高

浮法玻璃的产量,主要取决于玻璃熔窑的熔化量和玻璃带成型的拉引速度,对于同厚度的玻璃,浮法的拉引速度,比其他的生产工艺要快,而且其板宽加大也比较容易,所以其产量高。

(5)成本低

由于浮法玻璃生产线可以长期连续生产,不仅产量大,而且机械化自动程度高,生产工人少、劳动生产效率高,设备维修费用低。因此,生产成本比机磨玻璃低得多,基本与普通窗玻璃接近。

(6)品种多

用浮法可以生产0.5~525 mm的优质玻璃,供各种用途,而机磨很难生产薄于4 mm的玻璃。同时,浮法玻璃还可以生产各种本体着色和在线镀膜玻璃,这是机磨玻璃望尘莫及的。

1.1.3 浮法玻璃的工艺概况

(1)英国的皮尔金顿PB法(PB)

英国的Pilkington兄弟在20世纪50年代发明了浮法玻璃生产技术,并为之付出了坚持不懈的努力,自1953年开始到1959年取得成功,共耗时7年,投入了400万英镑巨额费用。

(2)美国的PPG法(LB)

除了英国Pilkington公司的浮法技术之外,还有美国Pittsburgh公司的技术比较有名。1975年,美国Pittsburgh平板玻璃公司宣布,他们在Pilkington的工艺基础上,采用把玻璃液流道和流槽相结合的宽玻璃液输送系统,使流入锡槽的玻璃液带宽度与成品玻璃的宽度相近,这样可以缩短玻璃液在锡槽锡液面上的横向摊平和展薄时间,使玻璃具有更好的内在质量和横向平直性。

（3）中国洛阳浮法工艺

1981 年,我国科技人员在经历了十多年试验和探索之后宣布,"洛阳浮法技术"作为世界第三种浮法玻璃工艺技术诞生。

我国浮法生产工艺从 1965 年开始实验室试验,到 1971 年生产性试验线建成投产并取得成功,用了近 7 年时间。在试验线投产时只能生产 6 mm 厚的玻璃,到 1972 年能够比较稳定地生产出 4~9 mm 玻璃,并试拉了 3 mm 玻璃;1978 年,对试验线进行了熔窑改烧重油、扩大生产能力的扩建;1980 年,国内仅有的一条试验线已能稳定地生产出 3~10 mm 厚度的浮法玻璃;1981 年 4 月,试验线采取的生产技术通过国家级技术鉴定,获国家银质发明奖。由于该生产试验线是在原洛阳玻璃厂试验成功,故命名为中国"洛阳浮法玻璃工艺技术"。

2002 年,河南洛阳浮法玻璃集团有限责任公司,生产出 1.1 mm 超薄浮法玻璃。由此表明,由洛玻集团自行设计建造的中国首条超薄浮法玻璃生产线,已经在河南洛阳正式投入生产。洛玻集团超薄浮法玻璃生产线成功拉出 0.7 mm 超薄浮法玻璃,总成品率达到 42%,其中优一级品率达到 53%,产品达到国际同类产品实物质量标准。在 2006 年可以生产出高端 STN 级 0.7 mm 超薄电子玻璃,产品总成品率达到 93%,最高达到了 97.5%,处于世界领先水平。这标志着国外对 0.7 mm 超薄电子玻璃市场的长期垄断宣告结束。

1.1.4　浮法玻璃的新技术、新产品发展趋势

目前国际玻璃新技术均向能源、材料、环保、信息、生物等五大领域发展。在材料方面,主要指玻璃原片的生产向大片、薄片、厚片、白片四个方向发展。在研发新技术方面,通过对玻璃产品进行表面和内在改性处理,使其更具备强度、节能、隔热、耐火、安全、阳光控制、隔声、自洁、环保等优异功能。

在平板玻璃原片制造技术上,目前国际上还没有新的更好的方法能够取代浮法成型工艺。但浮法技术本身仍需继续完善和提高。

（1）超薄技术

薄浮法玻璃成型与锡液控制问题紧密相关,在众多不同的调节锡液流的方法中,有一个共同的趋势,即抑制锡槽中的锡液流动并减小锡槽每个截面沿锡液宽度方向和液层厚度方向的温度梯度。

无色透明优质超薄玻璃是生产 ITO 导电膜玻璃的重要材料之一,目前该产品正走俏国际国内市场,供不应求。不少国家的玻璃制造商早已看到这个有利的商机,纷纷将原有的个别生产线改成超薄玻璃生产线。英国 Pilkington 公司将一条较小的

浮法线改成在线镀膜超薄玻璃生产线,可生产 0.4～1.1 mm 的薄玻璃,板面的平整度极佳,微波纹起伏只有 30～50 nm。

（2）在线镀膜技术

世界先进国家在浮法线上成功地进行了在线金属化合物热解镀膜技术、化学气相沉积镀膜技术,并成功在线生产出了低辐射镀膜玻璃和阳光控制低辐射玻璃。英国、法国、比利时等国还能在线生产玻璃镜。现在,中国耀华玻璃集团有限公司二线也可以实现在线镀膜。

（3）浮法玻璃退火窑辊道技术

在退火窑的热端,解决"辊印"有两种不同的方法和途径。一是开发一种非常硬的应用于金属辊的陶瓷表面涂层,它易于清洁并恢复到光滑的抛光表面。二是开发一种能阻止表面附着物形成的辊道包覆材料,目前所用的主要是热惯性低的铝硅酸盐或钙硅酸盐纤维辊道包覆材料。在退火窑的冷端,金属辊在不同工艺参数下仍然会有硫化物和锡等附着物。包覆辊道及采用硬质涂层辊道已基本解决了这一问题。

（4）一窑多线

国际上的玻璃商为适应市场需求,节约能源和控制生产总量,防止积压,设计建成了一窑两线（两个品种）的生产方式。美国加边安公司对美国南卡罗来纳州的浮法玻璃工厂进行技术改造使之成为一窑两线,改造后的 600 t/d 吨级浮法线新增设 100 t/d 压花玻璃生产线,可同时生产浮法玻璃及压花玻璃。美国另一家公司在沙特建设 550 t/d 级浮法线的同时,建有 100 t/d 级压花玻璃线。日本旭硝子公司在国内建设一条 500 t/d 浮法玻璃生产线的同时,也建造了 100 t/d 级压花玻璃生产线。欧洲的玻璃制造商也在改造建设浮法及压延一窑两线生产线,英国 Pilkington 公司已经发明了一窑三线的专利。

（5）计算机模拟技术在玻璃工业中的应用

我国目前一些浮法玻璃企业通过设备引进,虽然在装备上已接近国际水平,但其整体技术水平和产品质量与国际先进水平相比尚有不小差距。究其原因,问题主要在于我们对浮法成型的机理和稳定控制认识上还不到位,工艺调整主要靠经验进行,没有理论依据作支持。

近年来,国外利用计算机模拟技术对熔化、成型和退火进行了大量研究,已取得了可喜成绩。荷兰 TNO 组织开发的"玻璃池窑三维数学模型"已被美国棋特公司、PPG 公司以及比利时格拉威伯尔等十几家公司应用,取得了良好效果。而国内三维模拟只对生产电真空玻璃熔窑进行过试用,对玻璃熔窑的仿真模拟一般只限于二维,有的公司虽然做过三维的模拟,但不够深入,还不足以真正地指导生产。采用计算机数学模拟技术加强对浮法玻璃的熔化、成型和退火控制,对进一步提升国内浮法玻璃整体水平和产品质量至关重要。

（6）节能工艺技术

玻璃熔窑的各种氧气燃烧技术，包括富氧燃烧、喷氧、富氧空气补给、纯氧燃烧助燃、全部纯氧燃烧等五种形式正成为研究试用的热点。

另外，严格控制热交换、设备配置的标准化、玻璃带的加宽等，可以大大提高浮法工艺的生产能力和经济效益。传统工艺规定在锡槽的头部和小部区域加热，在尾部区域强烈冷却。新的观点则要求锡槽中的热交换调节不仅要减小加热功率，而且要减小冷却强度，这样可节约热能。为此而采用更为准确的调节锡槽热工制度的新方法，例如采用安置在锡槽窥孔上的专用加热器以及可调节选择温度的工艺冷却器等。为了节省锡液及合理利用锡槽，在玻璃带宽度和板根宽度比例不断增大的趋势中通过改进拉边机，以及有效加热和冷却，可以生产宽度接近于板根宽度的玻璃带。

（7）环保技术

玻璃熔窑废气中的硫氧化物 SO_x、氮氧化物 NO_x 和烟尘是污染大气环境的主要成分，为了保护大气环境，国际上许多国家相继制定了严格的玻璃熔窑废气排放标准和相应的排污收费标准，建立了较为完善的环保管理体系，对 SO_x、NO_x 和烟尘等有害物质的排放作了严格限制。有关玻璃生产企业积极开发和推广应用新的玻璃熔窑废气治理技术：一是静电除尘技术，静电除尘器有板状和管状两种。二是降低硫氧化物排放量的技术，硫氧化物 SO_x 主要指 SO_2 和 SO_3，可与碱性吸收剂反应而生成硫酸盐和亚硫酸盐，而废气脱硫，则根据吸收工艺的不同，可以分为湿法、干法和半干法等。三是降低氮氧化物排放量的技术，氮氧化物 NO_x 主要指 NO 和 NO_2，一次治理措施有氧助燃技术、分级燃烧技术、采用低的空气过剩系数、选用低氧喷枪等；二次治理措施有 3R 技术、选择性催化还原法、非催化选择性还原法等。

1.2 玻璃的主要物理化学性质

1.2.1 玻璃密度

物质单位体积的质量称为密度。玻璃的密度主要取决于构成玻璃的原子的质量，也与原子堆积紧密程度以及配位数有关，是表征玻璃结构的一个标志。在考虑玻璃制品的重量或玻璃池窑的热工计算时，玻璃密度也具有一定的实际意义。目前工业上，应用测定玻璃的密度控制工艺生产，借以控制玻璃的成分。

1. 影响玻璃密度的主要因素

（1）化学组成

玻璃的密度与化学组成关系十分密切，在各种玻璃制品中，石英玻璃的密度最小，为 2 200 kg/m^3，普通钠钙硅玻璃约为 2 500~2 600 kg/m^3。

在硅酸盐、硼酸盐、磷酸盐玻璃中引入 R_2O 和 RO 氧化物时，随着离子半径的增大，玻璃的密度增大。半径小的阳离子如 Li^+、Mg^{2+} 等可填充于网络间空隙之中，因此虽然使硅氧四面体的连接断裂,但并不引起网络结构的扩大。阳离子如 K^+、Ba^{2+}、La^{2+} 等,其离子半径比网络空隙大,因而使结构网络扩张。因此,玻璃中加入前者使结构紧密度增加,加入后者则使结构紧密度下降。

同一氧化物在玻璃中的配位状态不同时,密度也将产生明显的变化。B_2O_3 从硼氧三角体(BO_3)转变为硼氧四面体(BO_4)或者中间体(RO_4)转变到八面体[RO_6](如 Al_2O_3、MgO、TiO_2 等)均使密度上升。因此,连续改变这类氧化物含量至产生配位数变化时,在玻璃成分-性能变化曲线上就出现了极值或转折点。

在 R_2O-B_2O_3-SiO_2 系玻璃中,当 $Na_2O/B_2O_3>1$ 时,B^{3+} 由三角体转变为四面体,玻璃密度增大,当 $Na_2O/B_2O_3 \leqslant 1$ 时,由于 Na_2O 不足,[BO_4]又转变成[BO_3],使玻璃结构紧密,密度下降,出现"硼反常现象"。

在 Na_2O-SiO_2 玻璃中,以 Al_2O_3 取代 Na_2O 时,当 Al^{3+} 处于网络外成为[AlO_6]八面体时,玻璃密度上升,当 Al^{3+} 处于[AlO_4]四面体中,[AlO_4]的体积大于[SiO_4],密度下降,出现"铝反常现象"。

玻璃中含有 B_2O_3 时,Al_2O_3 对玻璃密度的影响更为复杂。由于[AlO_4]比[BO_4]稳定,所以,引入 Al_2O_3 时,先形成[AlO_4],当玻璃中含 R_2O 足够多时,才能使 B^{3+} 处于[BO_4]。

（2）温度

玻璃的密度随温度升高而下降。一般工业玻璃,当温度由 20 ℃升高到 1 300 ℃时密度下降约为 6%~12%,在弹性变形范围内,密度的下降与玻璃的热膨胀系数有关。

（3）热历史

玻璃的热历史指玻璃从高温冷却,通过变形点温度 T_f~转变点温度 T_g 区域时的经历,包括在该区停留时间和冷却速度等具体情况在内。热历史影响到固态玻璃结构以及与结构有关的许多性质。

在退火温度范围内,玻璃的密度与保温时间关系有如图 1-1-1 所示规律。

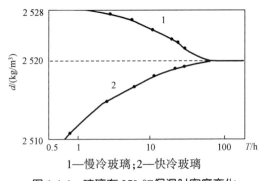

1—慢冷玻璃;2—快冷玻璃

图 1-1-1 玻璃在 250 ℃保温时密度变化

① 玻璃从高温状态冷却时,则淬冷玻璃比退火玻璃的密度小。

② 在一定退火温度下保温一定时间后,玻璃密度趋向平衡。

③ 冷却速度愈快,偏离平衡密度的温度愈高,其转变点温度 T_g 温度也愈高。所以,在生产上退火质量好坏可在密度上明显地反映出来。

析晶是玻璃结构有序化的过程,因此析晶后密度增大。玻璃析晶(包括微晶化)后密度的大小主要决定于析出晶相的类型。

2. 密度在生产控制上的应用

在玻璃生产中常出现的事故,如料方计算错误、配合料称量差错、原料化学组成波动等,均可引起玻璃密度的变化。因此,各玻璃厂常用测定密度作为控制玻璃生产的手段。在生产中,各工厂根据各自的生产技术水平、产品质量、设备条件可用密度变化允许波动范围来控制生产工艺的稳定性。如某平板玻璃厂,平板玻璃密度正常允许波动(在配方不变的情况下)范围是:相邻日变化小于 5×10^{-4} g/m³,全月变化小于 15×10^{-4} g/m³。如超过这个范围说明工艺生产中已出现事故,必须迅速查找原因,及时予以处理,以免破坏正常的生产秩序。密度的测定方法简单、快速且准确,如再与其他的物理、化学分析等手段结合就能更全面地分析和查明事故的原因,从而达到更好地控制工艺生产的目的。

1.2.2　玻璃的力学性能

1. 玻璃的理论强度和实际强度

玻璃的机械强度一般用抗压强度、抗折强度、抗张强度和抗冲击强度等指标表示。从机械性能的角度来看,玻璃之所以得到广泛应用,就是因为它的抗压强度高,硬度也高。然而,由于它的抗张强度与抗折强度不高,并且脆性很大,使玻璃的应用受到一定的限制。

玻璃的理论强度按照 Orowan 假设计算等于 11.76 GPa,表面上无严重缺陷的玻璃纤维,其平均强度可达 686 MPa。玻璃的抗张强度一般在 34.3~83.3 MPa 之间,而抗压强度一般在 0.49~1.96 GPa 之间。

但是,实际上用作窗玻璃和瓶罐玻璃的抗折强度只有 6.86 MPa,也就是比理论强度相差 2~3 个数量级。

玻璃的实际强度低的原因是由于玻璃的脆性和玻璃中存在微裂纹和不均匀区。

由于玻璃受到应力作用时不会产生流动,表面上的微裂纹便急剧扩展,并且应力集中,以致破裂。

为了提高玻璃的机械强度,可采用退火、钢化、表面处理与涂层、微晶化、与其他材料制成复合材料等方法。这些方法都能大大提高玻璃的机械强度,有的可使玻璃抗折强度成倍增加,有的甚至增强几十倍以上。

2. 影响玻璃机械强度的主要因素

（1）化学组成

不同组成的玻璃其结构间的键强也不同，如桥氧离子与非桥氧离子的键强不同，碱金属离子与碱土金属离子的键强也不一样，从而影响玻璃的机械强度。

石英玻璃的强度最高，含有 R^{2+} 离子的玻璃强度次之，强度最低的是含有大量 R^+ 离子的玻璃。一般玻璃强度随化学组成的变化在 34.3~83.8 MPa 间波动。CaO、BaO、B_2O_3（15% 以下）、Al_2O_3 对强度影响较大，MgO、ZnO、Fe_2O_3 等影响不大。各种组成氧化物对玻璃抗张强度的提高作用的顺序是：

$$CaO>B_2O_3>BaO> Al_2O_3>PbO>K_2O>Na_2O>(MgO,Fe_2O_3)$$

各组成氧化物对玻璃的抗压强度的提高作用的顺序是：

$$Al_2O_3>(SiO_2,MgO,ZnO)>B_2O_3>Fe_2O_3>(BaO,CaO,PbO)$$

（2）玻璃中的宏观和微观缺陷

宏观缺陷有固态夹杂物、气态夹杂物、化学不均匀等。由于其化学组成与主体玻璃的化学组成不一致而造成内应力，同时，一些微观缺陷如点缺陷、局部析晶等在宏观缺陷地方集中，因而导致玻璃产生了微裂纹，严重影响了玻璃的强度。

（3）温度

低温与高温对玻璃的影响不同，根据对 -200~$+500$ ℃ 范围内的测试，强度最低值位于 200 ℃ 左右（见图 1-1-2）。

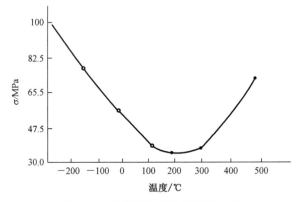

图 1-1-2　玻璃的强度与温度的关系

最初随着温度的升高，热起伏现象有了增加，使缺陷处积聚了更多的应变能，增加了破裂的概率。当温度高于 200 ℃ 时，强度的递升可归于裂口的钝化，从而缓和了应力的集中。

玻璃纤维因表面积大，当使用温度较高时，可引起表面微裂纹的增加和析晶。因此，温度升高，强度下降。同时，不同组成的玻璃纤维的强度和温度的关系有明显的区别。

（4）玻璃中的应力

玻璃中的残余应力，特别是分布不均匀的残余应力，使强度大为降低，实验证明，残余应力增加到 $1.5 \sim 2$ 倍，抗弯强度降低 $9\% \sim 12\%$。玻璃进行钢化后，玻璃表面存在压应力，内部存在张应力，而且是有规则的均匀分布，玻璃强度得以提高。

除此之外，玻璃结构的微不均匀性、加荷速度、加荷时间等均能影响玻璃的强度。

1.2.3　玻璃的硬度和脆性

1. 玻璃的硬度

硬度是表示物体抵抗其他物体侵入的能力。

玻璃的硬度决定于化学成分，网络生成体离子使玻璃具有高硬度，而网络外体离子则使玻璃硬度降低。

石英玻璃和含有 $10\% \sim 12\% B_2O_3$ 的硼硅酸盐玻璃硬度最大，含铅或碱性氧化物的玻璃硬度较小。各种氧化物组分对玻璃硬度提高的作用大致是：

$$SiO_2 > B_2O_3 > (MgO, ZnO, BaO) > Al_2O_3 > Fe_2O_3 > K_2O > Na_2O > PbO$$

一般玻璃硬度在莫氏硬度 $5 \sim 7$ 之间。

2. 玻璃的脆性

玻璃的脆性，是指当负荷超过玻璃的极限强度时立即破裂的特性。玻璃的脆性通常用它被破坏时所受到的冲击强度来表示。

冲击强度的测定值与试样厚度及样品的热历史有关，淬火玻璃的强度较退火玻璃大 $5 \sim 7$ 倍。

石英玻璃的脆性很大，向 SiO_2 中加入 R_2O 和 RO 时，所得玻璃的脆性更大，并且随加入 R^+ 和 R^{2+} 半径的增大而上升。对于含硼硅酸盐玻璃来说，B^{3+} 处于三角体时比处于四面体时脆性小。因此，为了获得硬度高而脆性小的玻璃，应该在玻璃中引入半径小的阳离子如 Li_2O、BeO、MgO、B_2O_3 等组分。

1.2.4　玻璃的热学性质

玻璃的热学性质是玻璃的主要物化性质之一。它包括热膨胀系数、比热、导热性、热稳定性等。热膨胀系数是较为重要的热学性质，对玻璃制品的使用和生产都有密切关系。

1. 玻璃的热膨胀系数

玻璃受热后要膨胀。膨胀多少是用它的线膨胀系数和体膨胀系数来表示的。

当玻璃被加热时，温度从 t_1 升到 t_2，玻璃试样的长度从 l_1 变为 l_2，则玻璃的线膨胀系数 α 可用公式(1-1-1)表示：

$$\alpha = \frac{\frac{l_2 - l_1}{t_2 - t_1}}{l_1} = \frac{\frac{\Delta l}{\Delta t}}{l_1} \tag{1-1-1}$$

此式所得的 α 值是 t_1 至 t_2 温度范围内平均线膨胀系数。如果把 l 对 t 作图,并在所得 l-t 曲线上任取一点 t_a,则在这一点上曲线的斜率 $\dfrac{\mathrm{d}l}{\mathrm{d}t}$ 表示温度为 t_a 时玻璃的真实线膨胀系数。

设玻璃试样是一个立方体,受热温度从 t_1 升至 t_2,玻璃试样的体积从 V_1 变为 V_2,则玻璃的体膨胀系数可用公式(1-1-2)表示:

$$\beta = \frac{\frac{V_2 - V_1}{t_2 - t_1}}{V_1} = \frac{\frac{\Delta V}{\Delta t}}{V_1} \tag{1-1-2}$$

根据式(1-1-1),知道线膨胀系数 α,就可以粗略计算出体膨胀系数 β。测定 α 要比测定 β 既简便又精确,因此在研究玻璃的热膨胀性质时,通常都是采取线膨胀系数。

2. 影响玻璃热膨胀系数的主要因素

(1) 化学组成

化学组成对玻璃热膨胀系数的影响可归纳如下:

① 在比较玻璃的化学组成对玻璃热膨胀系数的影响时,首先要看它们在玻璃中的作用,是网络形成体,还是中间体和网络外体。

② 能形成网络者,α 降低,断网者,α 上升。

③ R_2O 和 RO 主要起断网作用,积聚作用是次要的。而高电荷离子,主要起积聚作用。

④ 在玻璃组成中 R_2O 总量不变,引入两种不同的 R^+ 离子产生的混合碱效应(中和效应)同样能使 α 下降出现极小值。

⑤ 中间体氧化物在足够"游离氧"条件下,形成四面体参加网络,α 降低。

玻璃的膨胀系数可以用加和性法则近似计算:

$$\alpha = \alpha_1 P_1 + \alpha_2 P_2 + \cdots + \alpha_n P_n \tag{1-1-3}$$

式中:α——玻璃的热膨胀系数;

$\alpha_1, \alpha_2, \cdots, \alpha_n$——玻璃中各氧化物的热膨胀计算系数;

$P_1, P_2, \cdots, P_n$——玻璃中各氧化物质量百分含量。

(2) 温度

玻璃平均热膨胀系数和真实热膨胀系数是不同的。从 0 ℃ 直到退火下限,α 大体上是线性变化,即 α-t 曲线实际上是由若干线段所组成的折线,每一线段仅适用于一个狭窄的温度范围,而且 α 是随温度的升高而增大的。

10

（3）热历史

热历史是指玻璃从高温冷却，通过 $T_f \sim T_g$ 区域时的经历，包括在该区停留时间和冷却速度等具体情况在内。热历史影响到固态玻璃结构以及与结构有关的许多特性。

玻璃的热历史对热膨胀系数有较大影响如图1-1-3所示。由图看出，化学组成相同而热历史不同的两个玻璃的 $\Delta l/(l_i - t)$ 曲线情况。玻璃1是经过充分退火的，而玻璃2是未经退火的。

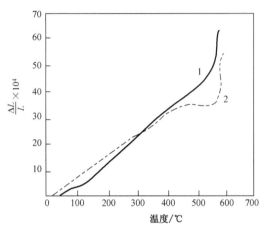

图 1-1-3　玻璃应变对热膨胀系数的影响

玻璃的化学组成（％）：SiO_2 57.76、B_2O_3 19.43、Al_2O_3 0.90、Fe_2O_3 0.10、CaO 8.50、Na_2O 7.38、K_2O 7.14。

比较曲线1和曲线2可以看出：

① 在约330℃以下，曲线2在曲线1之上；

② 约在330~500℃之间，曲线2在曲线1之下；

③ 约在500~570℃之间曲线2折转向下，这时玻璃试样2不是膨胀而是收缩；

④ 在570℃处，两条曲线都急转向上，这个温度就是 T_g 点。

①至③现象的存在是由于玻璃试样2中有较大应变而引起的。由于应变的存在和在 T_g 点以下，玻璃内部质点不能发生流动。在330℃以上，由于玻璃质点间距较大，相互间的吸引力较小。因此，在升温过程中表现出热膨胀较高。在330~570℃之间，两种作用同时存在，即由于升温而膨胀和由于应变的存在而收缩（玻璃2是从熔体通过快速冷却得到的，它保持着较高温度时的质点间距，这一间距对330~570℃平衡结构来说是偏大的，因此要收缩）。在330~500℃之间，膨胀大于收缩，而在500~570℃之间则收缩大于膨胀。

除此之外，玻璃晶化前后对热膨胀系数也有一定影响，但尚没有一个明确的规律。一般地讲，它与玻璃微观结构的致密性、析晶相的种类、晶粒的大小和多少，以及晶体的结晶学特征(如质点的排列)等因素有关,但大多数规律是趋向降低热膨胀系数。

1.2.5 玻璃的热稳定性

玻璃承受剧烈温度变化而不被破坏的性能称为玻璃的热稳定性。一般用热稳定性系数 K 来表示。其单位是:$℃ \cdot cm \cdot s^{-\frac{1}{2}}$。影响玻璃热稳定性的主要因素如下:

1. 线膨胀系数

玻璃的热膨胀系数愈小,其热稳定性愈好,试样能承受的温差也愈大。因此,玻璃的线膨胀系数 α 对玻璃的热稳定性有着决定性的意义。一般讲凡能降低玻璃热膨胀系数的组分均能提高其热稳定性。例如,石英玻璃的热膨胀系数很小($\alpha = 5.6 \times 10^{7}℃^{-1}$),它的热稳定性极好。可以把炽热的石英玻璃投入冷水中而不破裂。又如仪器玻璃的 SiO_2 含量高(并含有 B_2O_3),而 R_2O 含量低,它的热膨胀系数也低。因此,它耐急冷急热性能很强。反之,某些品种的玻璃如瓶罐玻璃含 SiO_2 量较低,而 R_2O 含量相对较高,这些玻璃的热膨胀系数大,这些玻璃的热稳定性就差。

2. 玻璃厚度

因玻璃的导热性差,所以玻璃的厚度愈厚,受温度急变时内外层的温差就愈大,应变也就愈大,热稳定性就愈差。

制品的厚度愈大,所能承受的急变温度差愈小。玻璃受热时,其表面产生压应力,而在受冷时则表面产生张应力,玻璃的抗压强度比抗张强度大 10 多倍。因此,在测定玻璃的热稳定性的时候,应使试样受急冷。

提高玻璃热稳定性的途径主要是降低玻璃的热膨胀系数、减小玻璃制品的厚度,此外还可以通过特殊方法使玻璃的弹性模量(E 值)变化很小而大大提高玻璃的机械强度(P 值)来实现。

1.2.6 玻璃的光学性质

玻璃是一种高度透明的物质,可以通过调整成分、着色、光照、热处理、光化学反应以及涂膜等物理和化学方法,使之具有一系列对光的折射、反射、吸收和透过等主要的光学性能。

1. 玻璃的折射率

玻璃折射率可以理解为电磁波在玻璃中传播速度的降低(以真空中的光速为基准)。一般用 n 来表示,则其计算公式为

$$n = c/v \tag{1-1-4}$$

式中:c, v——光在真空和玻璃中的传播速度。

一般玻璃的折射率为 $1.50 \sim 1.75$,平板玻璃的折射率为 $1.52 \sim 1.53$。

2. 影响玻璃折射率的主要因素

（1）化学组成

① 玻璃内部离子的极化率愈大，玻璃的密度愈大，则玻璃的折射率愈大，反之亦然。例如，铅玻璃的折射率大于石英玻璃的折射率。

② 氧化物分子折射度 $R_i[R_i=v_i(n_i^2-1)/(n_i^2+2)]$ 愈大，折射率愈大；氧化物分子体积 v_i 愈大，折射率愈小。当原子价相同时，阳离子半径小的氧化物和阳离子半径大的氧化物都具有较大的折射率，而离子半径居中的氧化物（如 Na_2O、MgO、Al_2O_3、ZrO_2 等）在同族氧化物中有较低的折射率。这是因为离子半径小的氧化物对降低分子体积起主要作用，离子半径大的氧化物对提高极化率起主要作用。

Si^{4+}、B^{3+}、P^{5+} 等网络生成体离子，由于本身半径小，电价高，它们不易受外加电场的极化。

不仅如此，它们还紧紧束缚（极化）它周围 O^{2-} 离子（特别是桥氧）的电子云，使它不易受外电场（如电磁波）的作用而极化（或极化极少）。因此，网络生成体离子对玻璃折射率起降低作用。

玻璃的折射率符合加和性法则，可用公式（1-1-5）计算：

$$n = n_1P_1 + n_2P_2 + \cdots + n_nP_n \tag{1-1-5}$$

式中：$P_1,P_2,\cdots,P_n$——玻璃中各氧化物的质量百分含量；

$n_1,n_2,\cdots,n_n$——玻璃中各种氧化物的折射率计算系数（见表1-1-1）。

表 1-1-1　玻璃各组成氧化物折射率计算系数

Li_2O	Na_2O	K_2O	MgO	CaO	ZnO	BaO	B_2O_3	Al_2O_3	SiO_2
1.695	1.590	1.575	1.625	1.730	1.705	1.870	1.460~1.720	1.520	1.475

③ 温度

当温度升高时，玻璃的折射率将受到两个作用相反的因素的影响：一方面温度升高，由于玻璃受热膨胀，使密度减小，折射率下降；另一方面，电子振动的本征频率（或产生跃迁的禁带宽度）随温度上升而减小，使紫外吸收极限向长波方向移动，折射率上升。因此，多数光学玻璃在室温以上，其折射率温度系数为正值，在 -100 ℃左右出现极小值，在更低的温度时出现负值。总之，玻璃的折射率随温度升高而增大。

④ 热历史

将玻璃在退火温度范围内，保持一定温度，其趋向平衡折射率的速率与所处的温度有关。

当玻璃在退火温度范围内，保持一定温度与时间并达到平衡折射率后，不同的冷却速度得到不同的折射率。冷却速度愈快，折射率愈低；冷却速度愈慢，折射率愈高。

当两块化学组成相同的玻璃,在不同退火温度范围时,保持一定温度与时间并达到平衡折射率后,以相同的冷却速度冷却时,则保温时的温度越高,其折射率越低;若保温时的温度越低,其折射率越高。

可见,退火不仅可以消除应力,而且还可以消除光学不均匀。因此,光学玻璃的退火控制是非常重要的。

3. 玻璃的光学常数

玻璃的折射率、平均色散、部分色散和色散系数(阿贝数)等均为玻璃的光学常数。

(1) 折射率

玻璃的折射率以及有关的各种性质,都与入射光的波长有关。因此为了定量地表示玻璃的光学性质,首先要建立标准波长。国际上统一规定下列波长为共同标准。

钠光谱中的 D 线:波长 589.3 nm(黄色);

氦光谱中的 d 线:波长 587.6 nm(黄色);

氢光谱中的 F 线:波长 486.1 nm(浅蓝);

氢光谱中的 C 线:波长 656.3 nm(红色);

汞光谱中的 g 线:波长 435.8 nm(浅蓝);

氢光谱中的 G 线:波长 434.1 nm(浅蓝);

上述波长测得的折射率分别用 n_D, n_d, n_F, n_C, n_g, n_G 表示。

在比较不同玻璃折射率时,一律以 n_D 为准。

(2) 色散

玻璃的色散,有以下几种表示方法:

① 平均色散(中部色散),即 n_F 与 n_C 之差,有时用 Δ 表示,即 $\Delta = n_F - n_C$。

② 部分色散,常用的是 $n_d - n_D$, n_C 和 $n_g - n_G$ 等。

③ 阿贝数,也叫色散系数、色散倒数,用符号 γ 表示,γ 的计算公式为

$$\gamma = (n_D - 1)/(n_F - n_C) \tag{1-1-6}$$

④ 相对部分色散,如 $(n_D - n_C)/(n_F - n_C)$ 等。

光学常数最基本的是 n_D 和 $n_F - n_C$,因此可算出阿贝数。阿贝数是光学系统设计中消除色差经常使用的参数,也是光学玻璃的重要性质之一。

1.2.7 玻璃的化学稳定性

玻璃抵抗气体、水、酸、碱、盐或各种化学试剂侵蚀的能力称为化学稳定性,可分为耐水性、耐酸性、耐碱性等。玻璃的化学稳定性不仅对于玻璃的使用和存放,而且对玻璃的加工,如磨光、镀银、酸蚀等都有重要意义。

玻璃的化学稳定性决定于侵蚀介质的种类和特性及侵蚀时的温度、压力等。

1. 酸对玻璃的侵蚀

除氢氟酸外,一般的酸并不直接与玻璃起反应,它是通过水的作用侵蚀玻璃。酸的浓度大,意味着其中水的含量低,因此,浓酸对玻璃的侵蚀作用低于稀酸。

水对硅酸盐玻璃侵蚀的产物之一是金属氢氧化物,这一产物要受到酸的中和。中和作用起着两种相反的效果,一是使玻璃和水溶液之间的离子交换反应加速进行,从而增加玻璃的失重,二是降低溶液的 pH,使 $Si(OH)_4$ 的溶解度减小,从而减少玻璃的失重。当玻璃中 R_2O 含量较高时,前一种效果是主要的;反之,当玻璃中 SiO_2 较高时,则后一种效果是主要的,即高碱玻璃其耐酸性小于耐水性,而高硅玻璃则耐酸性大于耐水性。

2. 碱对玻璃的侵蚀

碱对玻璃的侵蚀是通过 OH^- 离子破坏硅氧骨架即(—Si—O—Si—)键而产生,使 SiO_2 溶解在溶液中,所以,在玻璃被侵蚀过程中,不形成硅酸凝胶薄膜,而使玻璃表面层全部脱落。

碱对玻璃的侵蚀程度与侵蚀时间呈线性关系,与 OH^- 离子浓度成正比,随碱中阳离子 NH_4^+ 对玻璃表面的吸附能力增加而增大,不同阳离子的碱对玻璃的侵蚀顺序为

$$Ba^{2+} > Sr^{2+} \geqslant NH_4^+ > Rb^+ \approx Na^+ \approx Li^+ > Ca^{2+}$$

碱对玻璃的侵蚀随慢蚀后在玻璃表面形成的硅酸盐在碱溶液中的溶解度增大而加重。

3. 大气对玻璃的侵蚀

大气对玻璃的侵蚀,实质上是水汽、CO_2、SO_2 等对玻璃表面侵蚀的总和。玻璃受潮湿大气的侵蚀过程,首先开始于玻璃表面的某些离子吸附了大气中的水分子,这些水分子以 OH^- 离子基团的形式覆盖在玻璃表面上,形成一薄层。

如果玻璃化学组成中,K_2O、Na_2O 和 CaO 等组分含量少,这种薄层形成后,就不再继续发展;如果玻璃化学组成中含碱性氧化物较多,则被吸附的水膜会变成碱金属氢氧化物的溶液,这种碱没有被水移走,在原地不断积累。随着侵蚀的进行,碱浓度越来越大,pH 迅速上升,最后类似于碱对玻璃的侵蚀,从而大大加速了对玻璃的侵蚀。因此,水汽对玻璃的侵蚀,先是以离子交换为主的释碱过程,后来逐渐过渡到以破坏网络为主的溶蚀过程。

此外,各种盐类、化学试剂、金属蒸气等对玻璃也有不同程度的侵蚀,不可忽视。

4. 影响玻璃化学稳定性的主要因素

(1) 化学组成

① SiO_2 含量愈多,即硅氧四面体 $[SiO_4]$ 互相连接紧密,玻璃的化学稳定性愈

高。碱金属氧化物含量愈高,网络结构愈容易被破坏,玻璃的化学稳定性就愈低。

② 离子半径小,电场强度大的离子如 Li_2O 取代 Na_2O,可加强网络,提高化学稳定性,但引入量过多时,又由于"积聚"而促进玻璃分相,反而降低了玻璃的化学稳定性。

③ 在玻璃中同时存在两种碱金属氧化物时,由于"混合碱效应",化学稳定性出现极值(见图 1-1-4)。

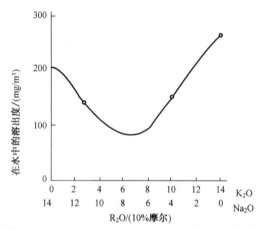

图 1-1-4 $14R_2O \cdot 9PbO \cdot 77SiO_2$ 玻璃的化学稳定

④ 以 B_2O_3 取代 SiO_2 时,由于"硼氧反常现象",在 B_2O_3 引入量为 16% 以上(即 $Na_2O/B_2O_3 < 1$)时,化学稳定性出现极值(见图 1-1-5)。

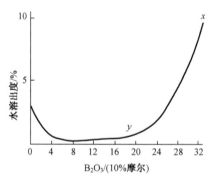

图 1-1-5 $16Na_2O \cdot xB_2O_3 \cdot (84-x)SiO_2$ 玻璃在水中的溶解度(2 h)

⑤ 少量 Al_2O_3 引入玻璃组成,[AlO_4]修补[SiO_4]网络,从而提高玻璃的化学稳定性。

通常,凡是能增加玻璃网络结构或侵蚀时生成物是难溶解的,能在玻璃表面形成一层保护膜的组分都可以提高玻璃的化学稳定性。

（2）热处理

① 当玻璃在酸性炉气中退火时,玻璃中的部分碱金属氧化物移到表面上,被炉气中的酸性气体(主要是 SO_2)所中和,而形成"白霜"(其主要成分为硫酸钠),通称为"硫酸化"。因白霜易被除去而降低玻璃表面碱性氧化物含量,从而提高了玻璃的化学稳定性。相反,如果在没有酸性气体的条件下退火,将引起碱在玻璃表面上的富集,从而降低了玻璃的化学稳定性。

② 玻璃钢化后,固表面层有压应力,而且坚硬,微裂纹少,所以提高了化学稳定性;但在高温下渗透出来的碱因没有酸性炉气中和,又降低了化学稳定性。相比之下,前者起主要作用,所以钢化玻璃随钢化程度的提高,化学稳定性也将提高。

（3）温度

玻璃的化学稳定性随温度的升高而剧烈变化。在 100 ℃ 以下,温度每升高10 ℃,侵蚀介质对玻璃侵蚀作用增加 50%～150%,100 ℃ 以上时,侵蚀作用始终是剧烈的。

（4）压力

压力提高到 2.94～9.80 MPa 以上时,甚至较稳定玻璃也可在短时间内剧烈地被破坏,同时有大量 SO_2 转入溶液中。

1.2.8　玻璃的黏度

1. 黏度的基本概念

黏度又称为黏滞系数,是指抵抗流体(液体或气体)流动的量度。假设在流动的液体中,平行于流动方向将流体分成不同流动速度的各层,则在任何相邻两层的接融面上就有与液面平行、与流动方向相反的阻力,即为物质的内摩擦力(见图 1-1-6)。由于液体分子间的引力不大,故液体的静摩擦力比较小,所以液体具有流动性。

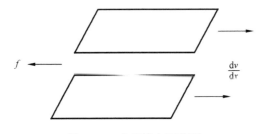

图 1-1-6　内摩擦力示意图

黏度是指面积为 S 的两平行液层,以一定的速度梯度移动时需克服的内摩擦阻力 f,其计算公式为

$$f = \eta S \frac{\mathrm{d}v}{\mathrm{d}x} \tag{1-1-7}$$

式中：η——黏度，或黏度系数，其单位为 Pa·s(帕·秒)，换算成过去惯用的单位"泊"时：1 帕·秒(Pa·s)= 10 泊(P)。另外黏度的单位还有 dPa·s(分帕·秒)、cPa·s(厘帕·秒)、mPa·s(毫帕·秒)，换算关系如下：

$$1\ Pa·s=10\ dPa·s=100\ cPa·s=1\ 000\ mPa·s$$

黏度是玻璃的重要性质之一。它贯穿着玻璃生产的各个阶段，从熔制、澄清、均化、成型、加工，直到退火都与黏度密切相关。在成型和退火方面黏度起着控制性作用。例如在高速成型机的生产中，黏度必须控制在一定的范围内，而成型机的机速决定于黏度随温度的递变速度。此外，玻璃的析晶和一些机械性能也与黏度有关。在玻璃生产中许多工序(和性能)都可以用黏度作为控制和衡量的标志。

2. 黏度与熔体结构的关系

玻璃的黏度与熔体结构密切相关，而熔体结构又决定于玻璃的化学组成和温度。熔体结构较为复杂，目前有不同的解释。就硅酸盐熔体来说，大致可以肯定，熔体中存在大小不同的硅氧四面体群或络合阴离子，$[SiO_4]^{4-}$、$[(Si_2O_5)^{3-}]_x$、$[SiO_2]_x$，式中 x 为简单整数，其值随温度高低而变化不定。四面体群的种类有岛状、链状(或环)、层状和架状，主要由熔融物的氧硅比(O/Si)决定。有人认为由于 Si—O—Si 键角约为 145°，因此硅酸盐熔体中的四面体群优先形成三元环、四元环或短键。同一熔体中可能出现几种不同的四面体群，它们在不同温度下以不同比例平衡共存。例如：在 O/Si≈3 的熔融物中有较多的环状 $[Si_3O_9]^{6-}$ 存在，它是由三个四面体通过公用顶角组成的；而在 O/Si≈2.5 的熔融物中则形成层状的四面体群 $[(Si_2O_5)^{3-}]_x$。这些环和层的形状不规则，并且在高温下分解而在低温下缔合。

熔体中的四面体群有较大的空隙(或称自由体积)，可容纳小型的群穿插移动。在高温时由于自由体积(空隙)较多较大，有利于小型四面体群的穿插移动，表现为黏度下降。当温度下降时，自由体积变小，四面体群的移动受阻，而且小型四面体群聚合为大型四面体群，网络键接程度变大，表现为黏度上升。在 T_g-T_f 之间表现特别明显，此时黏度随温度的变化非常急剧。

在熔体中碱金属和碱土金属以离子状态 R^+ 和 R^{2+} 存在。高温时它们较自由地移动，同时具有使氧离子极化而减弱硅氧键的作用，使熔体黏度下降。但当温度下降时，阳离子 R^+ 和 R^{2+} 的迁移能力降低，有可能按一定的配位关系处于某些四面体群中。其中 R^{2+} 还有将小四面体群结合成大四面体群的作用，因此在一定程度上有提高黏度的作用。

3. 影响玻璃黏度的主要因素

影响玻璃黏度的主要因素是化学组成和温度，在转变区范围，还与时间有关。不同玻璃对应于某一定黏度值的温度不同。例如，黏度为 10^{12} Pa·s(10^{13} P)时，钠

钙硅玻璃的相应温度为 560 ℃左右,钾铅硅玻璃为 430 ℃左右,而钙铝硅玻璃却为
720 ℃左右。下面重点论述温度和化学组成对玻璃黏度的影响。

（1）温度对玻璃黏度的影响

实用硅酸盐玻璃,其黏度随温度的变化规律均属于同一类型,只是黏度随温度
的变化速度以及对应于某一给定黏度的温度有所不同。在 10 Pa·s(或更低)至约
10^{11} Pa·s 的黏度范围内,玻璃的黏度由温度和化学组成所决定,而从约 10^{11} Pa·s
直至 10^{14} Pa·s(或更高)的范围内,黏度不仅与化学组成、温度有关,而且是时间的
函数。

这些现象可由图 1-1-7 来说明。图 1-1-7 是钠钙硅玻璃的弹性模量、黏度与温度
的关系曲线。

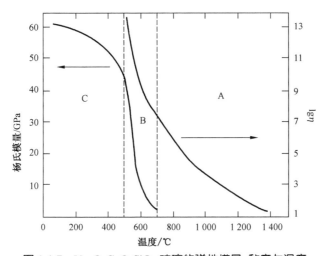

图 1-1-7　Na$_2$O-CaO-SiO$_2$ 玻璃的弹性模量、黏度与温度

由图 1-1-7 可知,黏度-温度曲线可分为三个区:

A 区:因温度较高,玻璃为典型的黏性液体,弹性性质近于消失。

B 区(转变区):黏度随温度下降而迅速增大,弹性模量也迅速增大。在这一温
度区中,黏度除与玻璃的化学组成和温度有关外,黏度还是时间的函数。

C 区:温度连续下降,弹性模量进一步增大,黏滞流动变得非常小。在这一温度
区,玻璃的黏度决定于玻璃的化学组成和温度,与时间无关。

从表 1-1-2 中不难看出,随着温度的下降,玻璃黏度的温度系数 $\dfrac{\Delta \eta}{\Delta t}$ 迅速增大。
玻璃在高温时黏度变化不大;随着温度的降低,黏度的变化慢慢增大,待到低温时,
黏度就急剧增加。

表 1-1-2 温度与黏度的关系

黏度 η/ (Pa·s)	温度/℃	lg η	黏度范围/ (Pa·s)	温度范围/℃	黏度的温度系数/ (Pa·s/℃)
10	1 451	1.0			
3.16×10	1 295	1.5	10~100	273	0.3
10^2	1 178	2.0			
10^3	1 013	3.0	10^3~10^4	110	8.2×10
10^4	903	4.0			
10^5	823	5.0	10^5~10^6	59	1.5×10^4
10^6	764	6.0			
10^7	716	7.0	10^7~10^8	42	2.1×10^6
10^8	674	8.0			
10^9	639	9.0	10^9~10^{10}	30	3×10^8
10^{10}	609	10.0			
10^{11}	583	11.0	10^{11}~10^{12}	24	3.8×10^{10}
10^{12}	559	12.0			
10^{13}	539	13.0	10^{13}~10^{14}	16	5.6×10^{12}
10^{14}	523	14.0			

（2）化学组成对玻璃黏度的影响

玻璃的成分对黏度的影响很大，玻璃的化学组成与黏度之间的关系是比较复杂的，下面仅就常见氧化物对玻璃黏度的影响进行论述。

① SiO_2、Al_2O_3、ZrO_2 等提高黏度；

② 碱金属氧化物降低黏度；

③ 碱土金属氧化物对黏度的影响比较复杂。高温时，类似于碱金属氧化物，能使大型的四面体群解聚，引起黏度减小；低温时，因这些阳离子电价高（比碱金属大一倍），离子半径又不大，故键力较碱金属离子大，有可能吸引小型四面体群的氧离子于自己的周围，使黏度增大。碱土金属离子对增加黏度的顺序如下：

$$Mg^{2+}>Ca^{2+}>Sr^{2+}>Ba^{2+}$$

CaO 更为特殊，在低温时增加黏度，在高温时当含量<10%~12%时降低黏度，当含量>10%~12%时增大黏度。

④ PbO、CdO、Bi_2O_3、SnO 等降低黏度。

⑤ Li_2O、CdO、B_2O_3 等都有增加低温黏度、降低高温黏度的作用。

成分不同的玻璃，温度-黏度曲线不同，如图 1-1-8 所示两种不同成分玻璃的温度-黏度曲线,不难看出:它们随着温度变化的黏度变化速率不同,称为具有不同的料性。

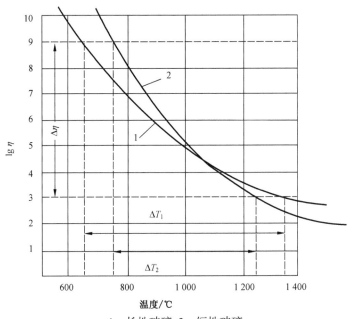

1—长性玻璃;2—短性玻璃

图 1-1-8 玻璃液的黏度与温度的关系

一般来说,化学组成相近的玻璃,料性短的其硬化速度则快,料性长的其硬化速度则慢。在相同黏度范围内,玻璃熔体对应的温度范围大,硬化速度慢,称为长性玻璃,也称为慢凝玻璃。玻璃熔体对应的温度范围小,硬化速度快,称为短性玻璃,也称为快凝玻璃。在生产上慢凝玻璃的成型速度慢,生产周期长,而快凝玻璃成型速度快,生产周期短。但是必须指出,玻璃的硬化速度不仅与玻璃液的温度、黏度曲线有关,还与玻璃液的冷却速度即玻璃随时间的变化速率有关。这个速率与玻璃开始冷却时的温度,玻璃的导热系数、热容,玻璃的透明度,产品的大小和形状,周围空气温度和流动状态等有关。因此具有较宽广作业温度范围的玻璃有时也可以呈为短性玻璃特征。

4. 黏度的参考点

在玻璃生产及加工过程中,玻璃的黏度随温度的变化情况有决定性的意义。在各个工作范围内确定了一些特别突出的参考点。

(1) 应变点

应变点为相应黏度为 $10^{13.6}$ Pa·s 时的温度,即使玻璃内应力开始消失时的温度,因此应变点是确定玻璃退火温度的下限依据。

（2）转变点

转变点为相应黏度为 10^{12} Pa·s 时的温度。在转变点,玻璃的结构发生一定程度的变化,致使玻璃的折射率、比热、热膨胀系数等发生变化,因此转变点的存在是鉴别非晶态固体是否是"玻璃"的重要标志。转变点又称为玻璃的转变温度,以 T_g 表示。

在转变点,玻璃的内应力能够迅速消除,因此是确定玻璃退火温度上限的依据。

（3）变形点

变形点为对应于热膨胀曲线上的最高点的温度,相应黏度为 $10^{10} \sim 10^{11}$ Pa·s 时的温度,又称为膨胀软化温度,以 T_f 表示。

（4）软化点

软化点又称软化温度,系用 Littleton 法测定,相应于黏度为 $10^{6.6}$ Pa·s 时的温度,以 T_s 表示。

（5）操作点

操作点是成型的上限温度,其黏度为 $10^2 \sim 10^3$ Pa·s。成型的下限温度为软化温度,故实际操作黏度范围为 $10^2 \sim 10^{6.6}$ Pa·s。

（6）熔制温度

熔制温度指玻璃熔制过程的最高温度,相应的黏度为 10 Pa·s。在此温度下玻璃液能以一般要求的速度进行澄清和均化。

5. 玻璃黏度在生产中的应用

（1）黏度在熔制过程中的应用

硅酸盐形成结束后,连续加热即发生硅酸盐熔融。在烧结物中有少量未起变化的 SiO_2,熔融过程非常缓慢,所以玻璃形成阶段的速度实际上取决于石英颗粒的溶解速度。石英颗粒的溶解过程分为两步:首先在砂粒表面发生溶解,而后溶解的 SiO_2 砂粒表面的熔融层向硅酸盐熔体中扩散。这两步中,扩散速度缓慢,所以溶解速度决定于扩散速度。扩散速度与熔融体的性质关系密切,随着砂粒逐渐溶解,熔融体中 SiO_2 含量越来越高,熔融体的黏度也随着增加。黏度越大,扩散阻力越大,扩散速度和溶解速度就减慢。因此,在玻璃熔制过程中,玻璃的形成速度决定于反应组分的扩散速度,而扩散速度又与黏度成反比,黏度愈大,扩散速度愈小,玻璃形成速度愈慢。因此,对于高黏度玻璃,如 SiO_2、ZrO_2 含量较高的玻璃,就必须提高熔制温度来降低黏度,从而提高熔化速度。

在玻璃的澄清阶段,溶解于玻璃液的气体逐渐聚集而形成气泡。气泡在上升过程中,随着压力的降低而逐渐增大,最后从玻璃液中逸出。无数气泡的上升搅动了玻璃液,使玻璃液得到澄清均化。这是生产优质玻璃的必要条件。而气泡的上升速度又同玻璃液的黏度有密切关系。根据斯托克斯公式,玻璃液中气泡的上升速度为

$$u = \frac{2r^2 dg}{9\eta} \qquad (1\text{-}1\text{-}8)$$

式中：r——气泡半径；

　　d——玻璃液密度与气体密度之差，由于气体密度与玻璃密度相比是极小的，所以气体密度可以忽略；

　　g——重力加速度。

从公式可以看出，气泡上升速度与玻璃黏度成反比。通常，要求玻璃液的澄清黏度为 $10^{1\sim2}$ dPa·s。黏度太高是不能达到澄清目的的。

在玻璃均化阶段，由于熔体中组分的浓度差引起分子间的扩散；使玻璃中某组分从较多的部分向该组分较少的部分迁移，以达到玻璃液的均化。在黏滞介质内，质点扩散速度很小。普通平板玻璃在熔化温度下，离子扩散系数仅为 10^{-6} cm²/s 数量级，如在 1 300 ℃以下仅为 $(3\sim5)\times10^{-6}$ cm²/s。扩散速度随着玻璃液黏度的降低而增大。因此可通过提高玻璃熔化温度、降低黏度来实现加速均化。

（2）黏度在成型过程的应用

在成型阶段，黏度所起的作用更为显著。开始成型的黏度为 10^2 Pa·s。在 $10^3\sim4\times10^7$ Pa·s 的黏度范围内，玻璃液逐渐定型硬化。玻璃成分不同，相应的该黏度范围的温度区域也不相同。由于成型方法的不同，或要求有较宽的成型温度区域，或要求有较窄的成型温度区域。成型过程中，玻璃液黏度产生的黏滞力与重力、摩擦力和表面张力形成平衡力系，使成型过程顺利进行。如果没有控制好黏度，就不能获得需要的厚度和宽度的玻璃，质量也不能保证，甚至会使成型无法进行。在浮法生产工艺中，玻璃的成型是在锡槽中进行的，必须控制好各成型阶段的玻璃黏度，例如在抛光阶段，应有较低的黏度；在拉薄阶段，则应有较高的黏度。

玻璃黏度与工艺过程的关系如表 1-1-3 所示。

表 1-1-3　玻璃黏度与工艺过程的关系

序号	工艺过程名称	黏度/(dPa·s)
1	玻璃熔制及澄清	10^2
2	成型开始	10^3
3	玻璃自重软化	$10^{7.6}$
4	软化温度	10^9
5	荷重软化温度	10^{11}
6	退火上限	10^{13}
7	退火下限	$10^{14.6}$

浮法生产工艺过程要求的玻璃黏度是：

抛光:$10^{3.7} \sim 10^{4.2}$ dPa·s

拉薄:$10^{5.25} \sim 10^{6.75}$ dPa·s

锡槽出口:10^{11} dPa·s

10^{11} dPa·s 是玻璃的荷重软化点。此时,玻璃带已具有固定的形状,但还略带塑性,在这样的黏度下将玻璃带拉引出锡槽,不容易断裂。黏度大于 10^{11} dPa·s 时,玻璃则呈现一定程度的脆性,容易发生断板事故。黏度小于 10^{11} dPa·s 时,玻璃带在出口处常常会变形和被擦伤。

显然,在玻璃生产过程中,必须严格控制各工艺阶段玻璃的黏度,一定成分的玻璃在某温度时的黏度为常数,所以,通常只要对温度进行控制,就可以间接地控制黏度。当然,要做到这一点,必须掌握所生产的那种成分玻璃的准确的温度-黏度关系。

(3)黏度在退火过程中的应用

玻璃的退火通过黏滞流动和弹性恢复来消除玻璃中的应力。在黏度为 $10^{11.5} \sim 10^{13}$ Pa·s 的温度范围内,主要通过黏滞流动来消除应力,应力消除的速度与黏度成反比,与应力大小成正比。10^{12} Pa·s 的黏度可作为退火过程的参考点。当温度较高时(黏度高于 10^{13} Pa·s,特别是高于 10^{14} Pa·s 时),有相当一部分应力是通过弹性松弛来消除的。这时应力消除的速度与应力的二次幂(可能是三次幂)成正比。

1.3　玻璃的计量单位

目前,浮法玻璃的常用计量单位包括平方米、吨、千克、标准箱、重量箱等。我国目前《平板玻璃术语》(GB/T15764—1995)中规定:"标准箱,以 2 毫米厚的玻璃 10 平方米为 1 标准箱。重量箱,以 2 毫米厚的玻璃,50 公斤重为 1 重量箱。"通过定义我们可以实现各单位间的换算。具体方法为:以 20 作为基数,厚度为几毫米的就用 20 除以几,即可计算出结果。例如:5 mm 厚玻璃用 20/5 = 4 就得出了 4 平方米为 1 重量箱;8 mm 厚玻璃就是 20/8 = 2.5,也就是 2.5 平方米为 1 重量箱。然后再用每重量箱 50 kg,换算成吨就可以了。

模块 2　热熔玻璃工艺概述

近年来,在家居装饰中高档大气之风大为盛行。在轩敞明亮、通透风格的引领下,玲珑璀璨的玻璃材质大行其道,各种艺术玻璃制品和饰品深得人们宠爱。随着西方装饰的发展,具有典型欧式风格的热熔艺术玻璃,以其高贵典雅、曲折质感为其他艺术玻璃制品所不能替代,热熔艺术玻璃一出现就迅速吸引了众多的消费者,成为居家装修中争相装饰的艺术典藏。

热熔玻璃,在东南亚和我国台湾地区一带称为琉璃玻璃、琉雕玻璃;在我国南方地区又称烧制玻璃、水晶立体玻璃;在北方又称热熔玻璃、叠烧玻璃、立体玻璃。目前我国南北方比较认可的名称为热熔艺术玻璃,简称热熔玻璃。

2.1　艺术玻璃发展简史

2.1.1　世界艺术玻璃发展简史

公元前 3 500 年,由古埃及人首先发明了玻璃,他们用它来制作首饰,并揉捏成特别小的玻璃瓶。到了公元前 1 000 年,古埃及人就掌握了玻璃吹制的工艺,能吹制出多种形状的玻璃产品。

为了纪念古埃及人的这一发明,现代许多水晶玻璃作品上都有埃及人的头以及古罗马人和埃及人作战的图案。

古罗马战败古埃及后,将古埃及战俘放在威尼斯岛上专做玻璃,由此玻璃制作技术传到意大利,进而产生了著名的威尼斯玻璃的鼎盛时期。到 17 世纪下半叶,意大利玻璃制造商通过在石英砂溶液中加入一定比例的铅,由此发明了"人工水晶"又称为水晶玻璃。

1922 年生于美国纽约北部的哈维·利特顿发起了玻璃艺术史上具有划时代意义的运动——玻璃艺术工作室运动。这一运动改变了玻璃的传统,并使得美国成为玻璃艺术工作室运动的先驱。

以工艺家们在小小的工作室独立制作玻璃艺术作品的玻璃艺术运动,作为新的艺术团体及用全新的自由的理念来创作玻璃艺术品,为玻璃艺术注入了新的血液,为玻璃艺术开创了新的局面。"在火和温度的较量中,玻璃变换了光和空间,而且改变了我们对周围世界的感知;在此,火的张扬和冷却后的冰清玉洁,明目张胆地标榜了艺术家的存在。"玻璃艺术工作室运动推出了一批玻璃艺术大师,他们也成为这次运动的主力军。他们在各自的作品中都倾进了自己对玻璃的诠释。

捷克的史丹尼史雷夫·李宾斯基和加柔史雷瓦·布勒赫瓦,日本的藤田乔平,意大利的李维·瑟古索,美国的戴尔·奇胡利等玻璃艺术家,将玻璃的魅力体现得淋漓尽致。

2.1.2　我国艺术玻璃发展简史

考古资料表明,中国古代的玻璃制造工艺始于西周时期,历经 2 000 余年,至清代发展到顶峰,成为古代玻璃史上的鼎盛时期。故宫博物院藏古代玻璃器 4 000 余件。从藏品的时代上看,战国到明清几乎不间断。其中绝大部分藏品为传世品,尤以清代玻璃制品所占比例最大,约占整个藏品的 90%。战国时期玻璃壁如图 1-2-1 所示。

据不完全统计,康熙朝已有单色玻璃、画珐琅玻璃、套玻璃、刻花玻璃和洒金玻璃等品种,雍正朝在此基础上又增加了描金玻璃。清朝时期玻璃制品如图1-2-2、图1-2-3所示。

浅绿色谷纹玻璃璧　战国
直径8厘米、厚0.2厘米
1958年湖南省长沙市牛角塘29号
战国楚墓出土
湖南省博物馆藏

灰黄色谷纹玻璃璧　战国
直径11.5厘米、厚0.26厘米
1958年湖南省长沙市电影学校
战国楚墓出土
湖南省博物馆藏

蛋青色谷纹玻璃璧　战国
直径11.3厘米、厚0.35厘米
1958年湖南省长沙市杨家山18号
战国楚墓出土
湖南省博物馆藏

图1-2-1　战国时期玻璃璧(附彩图)

图1-2-2　清乾隆时期单色玻璃器皿(附彩图)　　**图1-2-3　清代价值连城的玻璃器皿(附彩图)**

到了近代,部分艺术家如杨惠珊等人开始关注西方玻璃艺术,随着这些人的玻璃艺术创作,现代玻璃艺术也开始得到更多的关注和重视,一批学者专门前往英国学习玻璃艺术专业,学成回国后相继在国内高校开设了此专业。如清华大学艺术学院的戴舒丰、关东海、王建中,上海大学艺术学院的庄小蔚等,这些人把西方玻璃艺术引入国内,积极发展中国的玻璃艺术,并在高校开设玻璃专业。国内有些高校将玻璃艺术划分为手工艺专业,和漆艺、金工、首饰、陶瓷等专业并列。玻璃作品的成型工艺较多,主要可分为热加工与冷加工两种类型,热加工有窑制、吹制、灯工等形式,冷加工则主要包括镶嵌、雕刻。热熔玻璃、热弯玻璃等属于热加工工艺领域。

2.2　热熔玻璃的发展

热熔玻璃又称水晶立体艺术玻璃,具有悠久的历史。公元前200年古代人即用彩色玻璃棒切割成片状,在模具中热熔成型为扁平玻璃盘,在透明层之间还镶嵌了不透明银色和金色的铂,成型后切割出精确的边缘,再经过抛光,使表面光洁无瑕。当时还曾用热熔法制造夹金玻璃碗,在两层玻璃内夹一层金箔,经加热黏合在一起。公元前 1 世纪,出现了由玻璃棒熔合而成的著名的亚历山大(Alexandrian)碗,到了公元 1 世纪,吹制法形成大量生产后,热熔法逐渐被吹制法取代。工业革命促进了19 世纪和 20 世纪窑制玻璃工艺的复苏,手工艺制作成为可以接受的艺术家个人创作手段,法国成为热熔玻璃技术中心。第二次世界大战后,国际上出现了新代玻璃艺术家和各种风格的玻璃艺术品。近年来我国热熔玻璃制作有了飞跃发展,既有展览馆、剧场、会堂、宾馆的热熔玻璃柱、屏风、隔断、内墙装饰材料,也有热熔的盆、碗、洗面盘等生活用品。国外热熔玻璃作品代表作如图 1-2-4、图 1-2-5 所示。

图 1-2-4　亚历山大碗　　　　　　　　图 1-2-5　马赛克玻璃碗
（大英博物馆藏,附彩图）　　　　　（维多利亚和阿尔伯特博物馆藏,附彩图）

2.3　热熔玻璃简介

热熔玻璃是指将玻璃(或熔块)加热到软化点以上温度,黏度在 $10^5 \sim 10^6$ Pa·s 左右,通过模具相互黏合,从而呈自然的或所要求的各种形态和立体图案的一种艺术玻璃。

工艺上有人将热弯玻璃归在热熔玻璃范围内,统称为热熔玻璃,也有人将热熔玻璃归于浇注玻璃范围,统称为铸造玻璃。一般认为热熔玻璃和热弯玻璃、铸造玻璃虽然有共性,但热熔玻璃还是有其特色的。

热熔玻璃与热弯玻璃的区别之处,首先热熔所用料坯不全是平板玻璃,有的用玻璃块料、粉料;其次热熔玻璃加热温度比热弯玻璃要高;再次热熔玻璃用复杂形状模具,艺术手法综合,不仅弯曲成各种形状,而且还可得到浮雕、立体雕刻,加工过程中还可以在表面洒上彩色玻璃、有色玻璃粉,放置金箔、银箔、金属丝等,达到五色缤纷的效果,而热弯玻璃仅是弯曲成模具的形状;最后热熔玻璃更多体现艺术美、厚重感、形象感,热弯玻璃更多体现造型美、透明感、质地感。热熔玻璃与热弯玻璃对比图如图 1-2-6 所示。

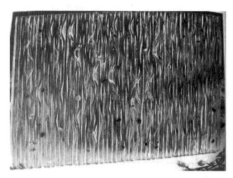

图 1-2-6　热熔玻璃与热弯玻璃对比图(附彩图)

热熔玻璃和浇注玻璃也有一些区别,浇注法成型的玻璃黏度较热熔成型时要小得多,浇注时的黏度为 $10^3 \sim 10^5$ Pa·s,玻璃是熔体,流动性较大,而热熔时为 $10^5 \sim 10^6$ Pa·s,流动性明显降低。与黏度相对应的温度,浇注法也较高,为 1 100 ~ 1 200 ℃。浇注法所用材料为流体(熔融玻璃液),而热熔法所用材质为固体(平板玻璃、玻璃块、玻璃颗粒)。浇注法一般成型后,开模取出玻璃制品,将玻璃制品单独送去退火,个别复杂不对称形状的制品,连模具一起退火,退火后把模具打碎(一般用石膏、耐火泥等材质制成)取出制品;而热熔玻璃是玻璃和模具一起退火的。热熔玻璃基本加工工艺如图 1-2-7 所示,浇筑玻璃加工工艺如图 1-2-8 所示。

图 1-2-7　热熔玻璃加工基本工艺　　　图 1-2-8　浇筑玻璃加工工艺
(附彩图)　　　　　　　　　　　(附彩图)

2.4　热熔玻璃的分类及特点

2.4.1　热熔玻璃的分类

按照所用玻璃坯料分,热熔玻璃分为热熔平板玻璃和热熔块料玻璃。

按照用途分,热熔玻璃分为热熔玻璃砖、门窗用热熔玻璃、大型墙体嵌入玻璃、隔断玻璃、一体式卫浴玻璃洗脸盆、成品镜边框、玻璃艺术饰品等。

2.4.2 热熔玻璃的特点

热熔玻璃具有一定吸音效果,光彩夺目,格调高雅,通过颜色与工艺的结合,给人一种朦胧的感觉和想象空间,其珍贵的艺术价值是其他同类产品无法比拟的。

(1)图案丰富,立体感强,装饰华丽,光彩夺目。

(2)解决了普通装饰玻璃立面单调呆板的感觉,使玻璃面具有很生动的造型,满足了人们对装饰风格多样和美感的追求。

热熔玻璃主要用于家庭和大型娱乐场所,与高档的装饰材料结合使用,给装潢工程起到画龙点睛的作用。

2.5 热熔玻璃的应用

热熔玻璃产品种类较多,目前已经有门窗用热熔玻璃、大型墙体嵌入玻璃、热熔柱、一体式卫浴玻璃洗脸盆、成品镜边框、玻璃艺术品等,应用范围因其独特的玻璃材质和艺术效果而十分广泛。

热熔玻璃产品展示如图 1-2-9~图 1-2-12 所示。

图 1-2-9 热熔玻璃门料（附彩图）

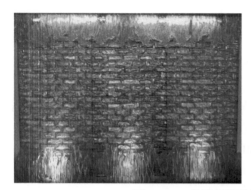

图 1-2-10　热熔玻璃背景墙（附彩图）

图 1-2-11　热熔柱及热熔壁画（附彩图）

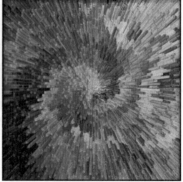

图 1-2-12　热熔玻璃艺术品（附彩图）

模块3　热熔玻璃生产工艺

热熔玻璃以其独特的装饰效果和艺术展现力成为设计单位、生产工业、装饰装潢业关注的焦点。热熔玻璃跨越现有的玻璃形态,充分发挥了设计者和加工者的艺术构思,把现代或古典的艺术形态融入玻璃之中,使平板玻璃加工出各种凹凸有致、颜色各异的艺术效果。

按采用的玻璃坯料的区别,热熔玻璃分为热熔平板玻璃和热熔块料玻璃。

3.1　热熔平板玻璃生产工艺

热熔平板玻璃是将平板玻璃经热加工成型为各种花纹、浮雕的艺术品和装饰品。其工艺流程如图 1-3-1 所示。

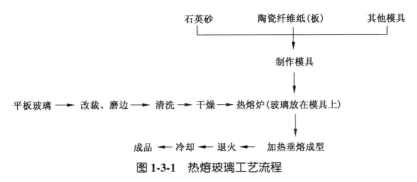

图 1-3-1　热熔玻璃工艺流程

3.1.1　玻璃选料

热熔玻璃的材质为浮法玻璃,玻璃的厚度可根据制品的形状和要求而定,但玻璃必须清洗干净再干燥,如有油迹、污渍等,热加工后会显现在玻璃表面上。玻璃的锡面必须向下,确定玻璃哪面是锡面,可用锡面探测仪,也可观察切刻断面,凭经验来判断。

除了采用透明无色玻璃为材质外,还可以采用彩色玻璃或透明色釉点缀在玻璃表面。在热熔炉腔底部平铺石英砂,撒上脱模粉,将切割好的 5 mm 宽的彩色玻璃条,按设计图案平放在平板玻璃上,加热到玻璃软化后,在平板玻璃上就形成彩色玻璃带,制备成彩带热熔玻璃。也可以将切割好的彩色玻璃条按方格形图案纵横向摆放在石英砂上,加热后,纵横方向的彩条玻璃就黏结在一起,形成网络形状的热熔玻璃,如图 1-3-2、图 1-3-3 所示。

不同厂家生产的平板玻璃成分不一,玻璃的软化温度和料性也不相同,所以加工热熔玻璃时,应尽可能使用同一厂家的玻璃。在烧制过程中,选出软化温度和料性适中的玻璃,可作为理想热熔加工玻璃原片。

图 1-3-2 彩色点缀热熔玻璃(附彩图)

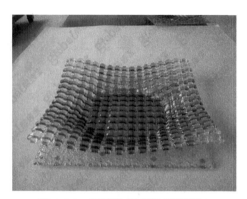

图 1-3-3 网络热熔玻璃(附彩图)

3.1.2 玻璃改裁、清洗

　　玻璃清洗是玻璃在预处理过程中必不可少的一道工序。用玻璃清洁液清洁玻璃,不能留杂质在玻璃上,否则玻璃融化后,杂质会粘在玻璃上,影响热熔玻璃的美观和质量,杂质过多就会成为废品。有条件的厂家,可使用玻璃洗片机清洗玻璃。玻璃洗片机如图 1-3-4 所示。

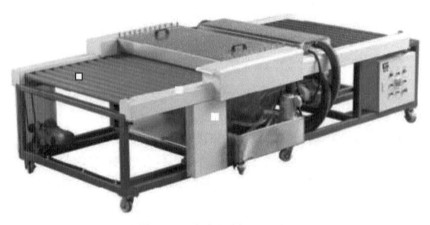

图 1-3-4 玻璃洗片机(附彩图)

3.1.3 玻璃装炉

　　清洁好的玻璃进炉前要使用锡面仪识别有锡面,玻璃有锡面要向下放在模具上,如果放反,高温时锡面容易起皱褶,使热熔玻璃光亮度不够,轻微的会影响玻璃的美观,严重的就成了废品。锡面仪如图 1-3-5 所示。

　　锡面的识别方法:(1)使用锡面仪检测;(2)观察原片玻璃的刀口,有刀口的面是玻璃的无锡面。

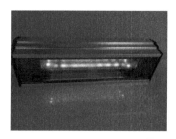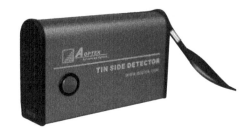

图 1-3-5 锡面仪(附彩图)

3.1.4 玻璃烧制

将清洁好的玻璃放在已做好的模具上,注意玻璃摆放要符合工艺要求,再将炉床推进炉窑中,关紧门窗,检查炉子四周是否漏风。

由于玻璃导热较慢,因此在升温、降温的过程中容易产生温差。温差会导致玻璃内产生应力,当应力达到极限时玻璃就会裂开。所以玻璃升温、降温都要缓慢。

(1)升温过程

温度每升几十度暂停几分钟,目的是使炉体温度均匀,使玻璃内部充分吸收热量。玻璃表面避免持续高温才能保证热熔玻璃表面的光亮度,故加热管采用红外线加热管。

从常温升到 650 ℃需要 3 h,其中 500 ℃升到 650 ℃需要 1.5 h,这个温度段为玻璃软化段。玻璃软化时需要吸收大量的热量使其软化充分,为后期玻璃熔化做准备;650 ℃升到 780 ℃,时间不能超过 25 min,若时间过长热熔玻璃表面的光亮度就不够;当温度达到 780 ℃时保温 10 min 后升温到 810 ℃(普通白玻璃最高温度为810 ℃,超白玻璃最高温度为 800 ℃),根据图案和工艺要求再保温 5~15 min。2 次保温目的是让玻璃吸收大量的热量,使玻璃充分熔化,从而使玻璃上的图案纹理更清晰。

(2)降温过程

面积较大的玻璃降温不能太快,要控制降温,同时还要保温以减少温差,从而逐渐消除玻璃内部应力,使热熔玻璃出炉后不会裂开。控制降温是指每降 10 ℃或20 ℃再加热升温 3~5 ℃,使炉里温度保持均匀。保温是指长时间(30~90 min)保持某一温度。以一块 2 m² 的玻璃为例,其升降温制度为:

升温(升—停—升):

① 常温→300 ℃大约 1 h,每升温 50 ℃停 5 min,打开较少加热管。

② 300 ℃→500 ℃大约 1 h,每升温 40~50 ℃停 4 min,适当增开加热管。

③ 500 ℃→650 ℃大约 1 h,每升温 50 ℃停 3 min,同时在 650 ℃保温 30 min,让玻璃充分吸收热量。

④ 650 ℃→780 ℃大约 20 min,每升温 50 ℃停 3 min,加热管全部打开,快速

升温。

⑤ 780℃时保温10 min后升温到810℃大约需10 min,根据工艺要求再保温5~15 min。

降温(降—升—降):

① 810 ℃→680 ℃直线降温(大约30 min),关闭全部加热管,自然降温至680℃再保温5 min。

② 680 ℃→620 ℃大约1 h,每10 min降温10 ℃,到620 ℃再保温30 min。

③ 620 ℃→520 ℃大约1.5h,每8 min降温10 ℃,到520 ℃再保温1.5 h。

④ 520 ℃→420 ℃大约1 h,每10 min降温20 ℃,到420 ℃再保温1 h。

⑤ 420 ℃→380 ℃大约30 min,再保温10 min。

⑥ 380 ℃保温后关闭电源自然降温,当炉体温度降到50℃以下再取出玻璃。

升降温曲线如图1-3-6所示。

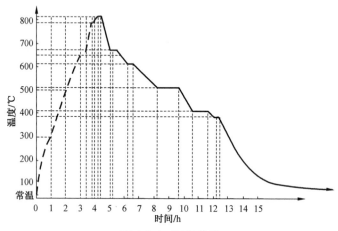

图 1-3-6　温度曲线

3.2　热熔块(颗粒)玻璃生产工艺

热熔块玻璃是将整块或多块玻璃放在模型中,连模型一起加热成型的艺术玻璃和装饰玻璃,而热熔颗粒玻璃是在模型中装入不同尺寸的玻璃颗粒,与模型一起加热成型,热熔颗粒、热熔块如图1-3-7、图1-3-8所示。

热熔块(颗粒)玻璃按装填方法和玻璃尺寸大小可分为填充式热熔玻璃和塌陷式热熔玻璃。

3.2.1　填充式热熔玻璃

填充式热熔玻璃是将开口较大的耐火石膏模型中放入玻璃碎粒加热而成型。

图 1-3-7　热熔颗粒（附彩图）

图 1-3-8　热熔块（附彩图）

具体做法是：将破碎的较小的不同颜色的玻璃颗粒按设计要求和设计量，放入石膏模具的料口仓，在热熔炉内热熔成型，石膏模具如图 1-3-9 所示。

图 1-3-9　石膏模具（附彩图）

玻璃碎粒加热熔化后，体积缩小，不足以填充模型，可在热熔过程中打开炉门，继续向模型中加玻璃料，以充满模型，也可将模型顶部（口部）做成漏斗状，加料时，起料仓作用，热熔后玻璃收缩，漏斗中的玻璃料下落而填充在模型中。顶部加料斗大小要精密计算，使多加的一部分玻璃料恰好填满模型，如加料过多，超过成型玻璃制品需要，在成型、退火、冷却后可将多余部分切割去。

玻璃的颗粒大小不同，热熔的温度和时间不同，可以得到层次不同的效果。温度高、时间长，玻璃表面比较光滑；温度低、时间短，玻璃热熔不足，可以保留颗粒的纹理效果。玻璃颗粒愈细，热熔后愈不透明，每平方厘米面积模具使用玻璃颗粒越多，留在作品上接缝处的痕迹越多；采用各种有色玻璃可以得到很好的艺术效果。

此方法适合于多种颜色、多种层次的热熔。

3.2.2 塌陷法热熔玻璃

塌陷法工艺与槽沉法相同,将一整块玻璃放在模型中,加热到槽沉温度,玻璃软化沉入模型而成型,然后再进行退火。玻璃塌陷的黏度为 $10^6 Pa \cdot s$,钠钙玻璃相应温度为 800 ℃左右,铅玻璃 700 ℃左右。塌陷时玻璃块一般大于模型,槽沉后才能充满模型。

不论填充式还是塌陷法,均要求玻璃能充满模型。加料多则会从模具中溢出,将模具与热熔炉粘住,损坏窑炉;加料少则不能得到模型的形状,因此需测定模型的体积。将模型注满水,然后将水倒入量筒中,精确测量模型需加入玻璃液体积 V,再将此体积乘以玻璃密度 ρ 即得到所需填充玻璃质量 m,即

$$m = \rho \times V \tag{1-3-1}$$

式中:m——填充玻璃质量,kg;

$\quad \rho$——玻璃密度,kg/m^3;

$\quad V$ ——玻璃液体积,m^3。

3.3 生产常见问题

(1)出炉时若发现玻璃裂开,查看裂口,如果裂口边缘圆滑,不划手,则可能是升温过程中升温过快使炉体温度不均匀,产生温差导致玻璃裂开;如果裂口边缘锋利,则可能是降温过程中降温太快或炉体漏风,或者保温时间太短,产生温差导致玻璃裂开。

(2)如果成品玻璃在玻璃架上裂开,可能原因是降温阶段时间过短使玻璃内部有应力,或玻璃在架子上未放好使玻璃受力不均匀。

(3)如果成品玻璃光亮度不够,可能是加热管较少,或玻璃有锡的面放反,或高温段(650~810 ℃)时间过长(玻璃表面不能持续高温)。

(4)如果成品玻璃纹理不清晰或凹凸感不强,则可能是最高温度偏低,或者最高温度保温时间较短。

(5)480℃以下升温需缓慢,玻璃在 300~480 ℃之间特别容易炸裂。

(6)升温和降温时都不能使用电风扇,防止玻璃炸裂。

模块 4　热熔玻璃模具制作及设备

热熔玻璃生产是将玻璃在加热炉中加热到软化点温度以上,利用玻璃塌陷形成一定形状、花纹、图案和用途的玻璃产品的过程。生产过程包括玻璃选料、模具制作、玻璃清洗、玻璃烧制几部分,能不能生产出满意的产品和艺术性的作品,模具制

作是关键。

玻璃热熔模具有石英砂模、陶瓷纤维纸(板)模、土砂陶模和陶瓷模等。

4.1　热熔玻璃生产模具

4.1.1　石英砂模具

最常用的为石英砂模具。将纯净的石英砂在炉膛内铺平,砂层厚约 1.5 cm,然后按设计的图案用竹竿作甄画,细节部分可用木筷描绘,于是就在石英砂上形成凹形的图案作为阴模,再在上面洒上脱模粉,然后将平板玻璃平放在石英砂制成的阴模上,当玻璃加热到软化点以上,即因自重沉到砂模中成型。热熔炉内石英砂如图 1-4-1 所示。

图 1-4-1　热熔炉内石英砂(附彩图)

4.1.2　陶瓷纤维纸(板)模具

根据图案和工艺要求选用不同厚度陶瓷纤维纸(板)(又称高温棉)制作的模具称为陶瓷纤维纸(板)模具。

制作陶瓷纤维纸(板)模具通常选用的高温棉分为 3 mm、5 mm 厚度的棉纸和厚度为 30 mm 的棉板。制作花叶和花瓣通常选用 3 mm 棉纸,花杆和花枝选用 5 mm 棉纸,如果需要增加图案的立体感可以选用 2~3 层 5 mm 棉纸做模具;如果图案需要雕刻则选用 30 mm 棉板做模具。以上模具做好以后有时需用细砂纸打磨,使其线条流畅、光滑。高温棉(陶瓷纤维高温标准纸)模具如图 1-4-2 所示。

生产热熔玻璃时,在平整的炉床上铺一层 1 mm 厚的高温棉纸,再将打磨好的棉模具按照图案要求放在 1 mm 厚的高温棉纸上,然后在模具上喷上隔离粉,再平放待加工的玻璃板。

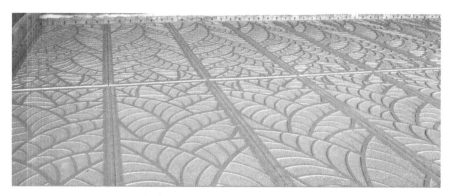

图 1-4-2　高温棉(陶瓷纤维高温标准纸)模具(附彩图)

为了防止玻璃软化在纤维纸之间形成气泡,可使纤维纸面积比要覆盖的玻璃平板大,相互连接处形成一个通道,用以排除玻璃板与模具之间的膨胀气体,同时控制升温速率,在 720 ℃玻璃软化点以前,要缓慢加热,使气体能有充分的时间排除。

4.1.3　土砂陶模具

用红土(红石通过机器粉碎成颗粒,直径小于 1 mm)、细黄砂(0.5 mm<颗粒直径< 1 mm)、陶土(具有颗粒细、可塑性强、结合性好、收缩适宜、耐火度高等工艺性能)和水,按一定比例混合再经过雕刻形成的模具称为土砂陶模。土砂陶模制作过程为:

(1) 将红土、细黄砂、陶土按比例混合,搅拌均匀后加一定量的水,再次搅拌均匀。

红土、细黄砂、陶土的混合比例为 4∶3∶1。其中黄砂的量要适中,如果黄砂偏多,模具难以成型;黄砂偏少,模具烘干后会有许多裂缝。陶土是一种黏合剂,如果陶土偏少,模具难以雕刻,雕刻出的模具不够精致;陶土偏多,模具烘干后会有许多裂缝。水的用量也很重要,水偏多,混合土太软,模具烘干后会有许多大裂缝;水偏少,模具难以成型。水的用量以搅拌好的混合土用手能捏成团为宜。

(2) 将搅拌好的混合土放在模床上摊平、压实后,再抹平。

在模床的四周放置 20 mm 高方管。压实混合土的方法有多种,但不宜用敲砸的方法,在敲砸的过程中,模具和模床都会振动,使模具难以压实,并且模床容易损坏。常用的方法是用脚踩实,穿平底鞋踩压,踩压得越实越好,从而可以使混合土在雕刻的过程中不易碎裂。

(3) 在压实的混合土上先画图,再雕刻。

雕刻的方法是刻刀沿着已画好的线条划开混合土,刻刀要向外倾斜,刻双线条。模具上碎土清理方法也很重要,清理的刷子要沿着线条方向轻轻扫,不能逆向扫。

如果逆向扫,由于混合土比较湿,很容易使纹理不清晰甚至消失。

（4）将雕刻好的模具推到炉窑内烘干。

烘干过程中缓慢升温,1~2 h 升温到 400 ℃。当温度升到 300 ℃ 以上时,可以将炉门稍微打开,让水蒸气溢出(如果温度升得太快,模具裂缝会较多),然后关掉电源自动降温。

（5）模具烘干后,还需要整修。

烘干的模具上有许多裂缝,不能向裂缝内灌细泥土,因为模具和玻璃都具有热胀冷缩的特性,加热过程中,裂缝里的细泥土会被挤出来,使热熔玻璃上有细泥土的痕迹。正确的方法是小心地将模具整体向前推,使大裂缝变小,然后再用手轻轻按压模具,将小裂缝分裂成许多微裂缝,再将凸起的地方用手按平。混合土有热胀的特性,随着温度的升高模具上的微裂缝就会逐渐消失。

（6）在整理好的模具上,喷一层隔离粉。

首先将隔离粉稀释成溶液,然后用喷枪将稀释好的隔离粉均匀地喷洒在模具上。使用隔离粉能够使热熔玻璃不容易沾泥土,方便清理。

（7）热熔后从模具上拆下来的混合土砸碎后加入陶土,可以反复使用,混合土和陶土的比例为 7∶1。土砂陶模具如图 1-4-3 所示。

图 1-4-3　土砂陶模具(附彩图)

4.1.4　陶瓷模具

陶瓷材料经过机器雕刻制作成的精致模具称为陶瓷模。在陶瓷模具上也要喷隔离粉,陶瓷模具可以反复使用,但陶瓷模具成本较高。陶瓷模具如图 1-4-4 所示。

石英砂模和高温棉模不可移动,土砂陶模可移动性差,陶瓷模可以移动;石英砂模成本较低,模具的自然感和可塑性较强,混合土可以反复使用,但模具比较粗糙;高温棉模的成本较高,不可反复使用,做出来的模具精致但不太自然;陶瓷模具精致但成本最高。

图 1-4-4　陶瓷模具(附彩图)

4.1.5　其他模具

模具也可以用其他材质,如用高温水泥、耐火石膏或耐火泥按图案制成阴模,排放在石英砂面上,再把玻璃摆放在阴模上,然后进行加热,玻璃软化后就形成浮雕,制备成复杂图案的壁饰浮雕玻璃。如利用耐火砖粗糙的表面作模具,平板玻璃热熔后,就具有墙面的质感,由此制成城墙热熔玻璃。在平板玻璃上洒上各种低熔颜色玻璃粉,热熔后玻璃表面就产生色彩缤纷的效果。热熔玻璃还可和彩饰、上金、镀膜等各种装饰方法结合,从而得到各种流光溢彩的效果。

制作玻璃连体台盆(热熔玻璃台盆见图 1-4-5),用硅酸铝纤维板作模具,按玻璃尺寸要求在模具上挖出所需盆形的孔,如椭圆、圆形、方形、心形等,在孔的四周用砂纸打磨光滑即可,再用不锈钢焊接一个支架支撑模具,大小与硅酸铝纤维板模具差不多,平板玻璃加热软化后,就槽沉在硅酸铝纤维板的孔中形成盆形。对一般盆来讲,槽沉深度 15 cm 左右即可。

图 1-4-5　热熔玻璃台盆
(附彩图)

果盘、餐盘、烟灰缸的模具制作方法是相似的,只是深浅和形状不同。以圆形果盘为例,先在 1~5 cm 厚的硅酸铝纤维板中间挖一圆孔,孔的周围打磨光滑,再在四周雕刻图案,或用硅酸铝纤维纸剪出图案,然后用大头针固定在已挖好的模具上。然后将玻璃放在模具上,送入热熔炉进行成型即可,热熔果盘、烟灰缸如图 1-4-6、图 1-4-7 所示。

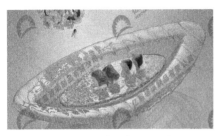

图 1-4-6　热熔果盘(附彩图)

图 1-4-7　热熔烟灰缸(附彩图)

　　模具一般不直接放置在热熔炉底上,而是放在炉底的耐火材料搁板上,搁板又放在 3 个高度 12.7 mm 的耐火材料支架上。采用搁板的原因是防止热熔玻璃因模具破裂流下,粘在窑底或损坏窑炉;采用支架是促进室内热空气对流,使炉温更为均匀,而退火阶段窑温均匀尤为重要。

　　国外玻璃艺术家还在搁板上涂一层隔热涂层或放置硅酸铝纤维纸或纤维毯,以保护搁板。纤维纸厚度为 3 mm、6 mm,纤维毯比较厚,可达 50 mm。纤维纸或纤维毯使用前要加热到 700 ℃,将其有机黏合剂烧掉,纤维纸加热时要保持通风,以免有机挥发物污染环境。纤维纸不仅可保护搁板,而且也可以将其放在模具周边,既保护模具,又能防止模具损坏时,玻璃熔体溢出。

4.2　热熔玻璃生产设备

　　热熔玻璃主要设备为热熔炉。热熔炉的结构包括炉体、顶盖及温控系统。炉体从外到内从下至上,依次为支撑架、外框钢结构壳体、陶瓷纤维保温棉、耐火砖、石英砂;炉体顶盖从上到下依次为炉盖固定架、壳体、保温棉、保温棉防护网、红外电热管;附属结构包括固定铁丝或螺杆用以固定耐火砖,液压升降机,红外电加热管连接线,数显温度控制仪,轨道。

4.2.1　热熔玻璃生产设备结构

　　目前国内热熔炉有一对一和一拖二两种结构形式。一对一是一个炉体一个顶盖配套使用;一拖二即一个顶盖两个炉体配套使用,当一个炉体生产时,另一个炉体工作,当第一个炉体完成一个工作周期即退火结束后,第一个炉体上的顶盖通过轨道及电葫芦或电机移至第二个炉体,如此反复,循环使用。

4.2.2　热熔玻璃生产设备加热系统

　　热熔炉加热。热熔炉采用箱式电加热,在炉膛上部安装红外电热管为发热元件,以辐射加热为主,对炉膛内放置的平板玻璃进行加热。一般玻璃吸收 $2\sim4$ μm 的中波红外线,加热效率比较高,对钠钙玻璃,短波红外辐射效率为 $30\%\sim40\%$。电阻丝加热比较"霸道",红外电热管加热比较柔和,红外电热管比电阻丝加热能使炉

41

内温度分布更为均匀,因此热熔炉多采用红外电热管作为加热元件。通过数字控温箱来达到控制炉内温度的目的,根据指定的升温曲线加热和保温,按退火温度进行退火。

热熔炉电源。目前市场上的热熔炉电源有两种接法:一种是"△"形接法,一种是"Y"形接法。通俗来讲就是380 V接法和220 V接法,电源接法的不同直接影响电热管与数显温控仪的寿命。大多数厂家采用"△"形接法。

热处理温度根据玻璃品种、厚度及加工图案而确定,必须在玻璃软化点以上,黏度在 $10^5 \sim 10^6$ Pa·s时,国内优质浮法玻璃为780 ℃,超白浮法玻璃为785 ℃,绿色浮法玻璃为770 ℃,保温时间约2.5 h,因此要求电热炉的红外电加热管布置间隔和功率要与炉体空间、产品材质相匹配。

图1-4-8为国内某公司生产的立体玻璃热熔炉,其技术参数见表1-4-1。

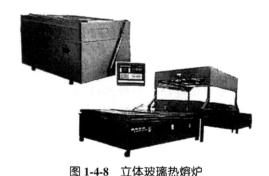

图 1-4-8 立体玻璃热熔炉

表 1-4-1 立体玻璃热熔炉技术参数

型号	内尺寸/mm	外尺寸/mm	功率/kW	功能
LDN2000	2 000×1 000×450	2 500×1 400×1 800	20~25	热熔,台盆,热弯
LDN2300	2 300×1 300×500	2 800×1 800×1 800	24~38	热熔,台盆,热弯
LDN3300	3 300×1 650×450	3 800×2 150×1 600	50~60	热熔,热弯
LDN4000	4 000×2 000×400	4 500×2 500×1 600	58~68	热熔,热弯

图1-4-9、图1-4-10为国内某公司生产的超大热熔热弯炉,其单炉体外形尺寸为13.90 m×4.46 m×0.98 m,采用两体一盖结构,炉体总长度为27.8 m。

图 1-4-9　单炉体外形尺寸为 13.90 m×4.46 m×0.98 m,总长度 27.8 m 的超大热熔炉外形(附彩图)

图 1-4-10　超大热熔炉内部结构及退火玻璃(附彩图)

模块 5　热熔玻璃退火原理及控制

　　热熔玻璃所用原材料为浮法玻璃,在成型过程中经历了激烈的温度变化和形状变化,在这个过程中,由于玻璃本身是热的不良导体,导热性较差,其内外层温度梯度、硬化速度不一样,将引起玻璃产生不均匀的内应力。这种内应力称为热应力。这种热应力会降低玻璃制品的强度和热稳定性,也会影响玻璃的光学均一性。如果直接冷却,很可能在冷却过程中或以后的存放、运输和使用过程中自行破裂(俗称玻璃的冷爆)。为了消除冷爆现象,玻璃制品在成型后必须进行退火。退火就是最大限度地防止或平衡这种热应力而进行的热处理。也就是说,退火是运用适当的温度制度,适当控制温度降低速度,将玻璃带中产生的热应力控制在允许的范围内,连续地把成型后的玻璃原板降到室温,将残余应力减小到最低限度,以增强玻璃的机械强度和热稳定性。

5.1 玻璃黏度的参考点

5.1.1 应变点 T_{st}

相应黏度为 $10^{13.6}$ Pa·s 时的温度(473 ℃左右),使玻璃内应力开始消失时的温度,通常用 T_{st} 表示。因此,应变点是确定玻璃退火温度的下限依据。此温度下冷却不会产生永久应力,因此,是玻璃中内应力开始消失时的温度,开始消失即温差消除,应力开始消失。

在 473 ℃以下,玻璃完全为弹性体,质点不能移动,但此时有弹性变形。如在此温度以下存在温差,则由于弹性变形而产生应力,但温差消除,则弹性恢复,即以弹性松弛的方式消除应力。因此在 473 ℃,有温差,有应力,温差消除,应力消除。就像作用在弹簧上的外力,外力作用时,发生弹性变形,产生弹性应力;外力消除时,变形恢复,弹性松弛,应力亦随之消失,称之为暂时应力。这是弹性体的受力特征。而塑性变形则不一样,发生塑性变形时,当外力消除,变形不能消失。

5.1.2 转变点 T_g

相应黏度为 $10^{12.4}$ Pa·s 时的温度(514 ℃左右),通常用 T_g 表示。在转变点,玻璃的结构发生一定程度的变化,致使玻璃的折射率、比热、热膨胀系数等发生变化,因此转变点的存在是鉴别非晶态固体是否是"玻璃"的重要标志。转变点又称为玻璃的转变温度,以 T_g 表示,是玻璃上限退火温度。

在玻璃的转变点,玻璃中的应力能够迅速消除。这是由于结构可以变化,因此,质点移动很快,可以从不平衡位置移动到平衡位置,使结构之间质点作用力消失或减弱。这时,冷却速度要慢些,使质点有时间移动到平衡位置,从而消除质点之间的作用力即应力。如果冷却速度过快,质点来不及移动,而使变形保留下来,使不平衡位置保留下来,于是造成质点之间结构的应力,称为永久应力,而退火的目的就是减弱这种永久应力。

5.1.3 软化点

软化点又称软化温度,系用 Littleton 法测定,相应于黏度为 $10^{6.6}$ Pa·s 时的温度(696 ℃左右),以 T_s 表示。软化点以上可以进行成型操作。

5.1.4 操作范围

相当于玻璃成型表面的温度范围。温度上限指准备成型操作的温度,相当于黏度为 $10^2 \sim 10^3$ Pa·s 时的温度;温度下限相当于成型时能保持制品形状的温度,相当于黏度 $>10^5$ Pa·s 时的温度。操作范围的黏度一般为 $10^3 \sim 10^{6.6}$ Pa·s。

玻璃的退火是通过黏滞流动和弹性恢复来消除应力的。

转变点附近通过黏滞流动消除应力,应力消除的速度与黏度成反比。消除的是永久应力。但温度在应变点温度时,靠弹性松弛来消除应力,消除的是暂时应力。

5.2 玻璃的热应力

玻璃中由于各部分之间存在温度梯度而产生的应力,称为热应力。

玻璃在退火过程中不可避免地会出现温度梯度,根据温度梯度的方向,玻璃板厚度方向的温度差产生的应力称为端面应力或厚度应力,玻璃板表面温度(特别是横向温度)的不均而形成的平面应力称为平面应力(区域应力)。资料表明平面应力通常远远大于端面应力,平面应力的破坏性远远大于端面应力。

5.2.1 暂时应力和永久应力

无论是端面应力还是平面应力,按其存在特性均分为暂时应力和永久应力。暂时应力和永久应力的起因虽然都是温差,但两者形成的热历史不同。

暂时应力是随温度梯度的存在而存在,随温度梯度消失而消失的热应力。

永久应力是当高温玻璃经过退火后冷却至常温并达到温度均衡后,仍存在于玻璃中的热应力,也称为残余应力或内应力。

玻璃在退火过程中,既会产生暂时内应力,也会产生永久应力(在玻璃完全冷却到室温后出现)。永久应力是在高温下玻璃中热弹应力松弛的结果。热弹应力松弛的部分越大,则冷却后玻璃中的永久应力就越大。退火理论表明,玻璃中永久应力等于退火中松弛掉的应力的总和,但符号相反。玻璃只有在低于退火下限温度下冷却,永久内应力才不再产生,因为此时玻璃的黏度已经增大,热弹应力实际上不可能松弛。

在退火区域中,玻璃的内应力的产生决定于两个因素:首先是玻璃的冷却速度,其次是玻璃在退火温度区域中冷却过程热弹应力的松弛速度。

应力的大小通常用光程差(δ)表示,常用单位为 nm/cm。这是因为,玻璃的内部应力导致它在光学上的各向异性,这将影响玻璃的光学性能,利用这一现象来检验玻璃中内应力的大小,故此玻璃中的内应力可以用光程差表示,对于光程差我们可以通过偏光仪来测得。

下面以端面应力(厚度应力)为例说明暂时应力和永久应力的形成过程。

5.2.2 端面应力(厚度应力)

端面应力由玻璃表面与板芯在冷却时所产生的温度差所引起。它由长度所决定。在长度一定时,各区的进出口温度即冷却速度直接决定了应力的大小。厚度应力不但对玻璃一次生产有影响,而且对后续深加工也有很大影响,它应该是玻璃产品出厂质量的一项重要指标。厚度应力对厚玻璃生产的影响主要是糖状物;对深加工的影响主要有不易切割、钢化炸炉。在线应力仪是测不出厚度应力的。

1. 端面暂时应力

当玻璃处于弹性形变范围内(应变温度 T_{st} 以下)进行冷却时,玻璃表面层的温度急剧下降。而玻璃内层,由于其导热系数低,冷却速度慢,温度下降较慢。由此在玻璃内外层之间产生了温度梯度,沿厚度方向的温度场分布呈抛物线形。

玻璃在冷却过程中处于较低温度的外层收缩量大于内层,但由于受到内层的阻碍而不能收缩到正常值而处于拉伸状态,所以外层产生了张应力。而内层则相反,由于受到外层的压缩而处于压缩状态,产生了压应力。这时玻璃板厚度方向的应力变化,是从最外层的张应力(数值最大)连续地变化到最内层的压应力(数值最大),其应力分布呈抛物线形。在某一层,压应力和张应力大小相等,方向相反,相互抵消,该层应力为零,称中性层。

玻璃继续冷却,当表面层温度接近外界温度后,表面温度基本不再下降,其体积也几乎不再收缩。但内层温度高于外层,它将继续降温收缩,这样外层开始受到内层的拉引而产生压应力,此部分应力将部分抵消冷却开始时所受到的张应力,而内层收缩时受到外层的拉伸呈张应力,将部分抵消冷却开始时的压应力。随着内层温度不断下降,外层的张应力和内层的压应力不断相互抵消,当内外层温度一致时,玻璃中不再存在应力,暂时应力消除。

反之,若玻璃板由室温开始加热,直到应变点以下某温度保温时,其温度变化与应力变化恰与上述相反。

因为暂时应力是内外膨胀(收缩)的速度不一致而产生的,所以这种应力只存在于弹性变形的温度范围内。暂时应力虽然会随玻璃中温度梯度的消失而消失,但对其数值也须加以控制。如果暂时应力超过玻璃的抗张强度极限,同样也会产生破裂。通常应用这一现象以骤冷的方法来切割玻璃制品。

暂时应力只存在于弹性变形范围内,也就是在玻璃应变温度以下存在温度梯度时才能产生,它的大小取决于玻璃内温度梯度和玻璃的膨胀系数。

2. 端面永久应力

如果玻璃在较高的温度下(塑性状态)冷却,同样,由于它的传热较差,表面温度低,内层温度高,在内外层间产生温度梯度。玻璃外层受张应力而内层受压应力,由于应变点以上的玻璃具有黏弹性,即此时的玻璃为可塑状态,玻璃内结构基团在力的作用下可以产生位移和变形,使由温度梯度所产生的内应力得以消失,这个过程称为应力松弛。这时的玻璃内外层虽存在着温度梯度但不存在应力。

当玻璃的冷却过程发生在退火温度区域($T_g \sim T_g{}'$)时,玻璃从黏型弹性体逐渐转变成弹性体,因为快速冷却,而使玻璃内部质点不能回到平衡位置所产生的结构上的应力。外层首先冷却并硬化至弹性状态,而内层也逐渐由塑性状态向弹性状态过渡,由于内层温度降低要发生收缩,但是已经硬化的外层阻碍内层的收缩,再加上表层温降少、收缩少,内层降温多、收缩多,这样外层就受到压应力,内层就受到张应力。

当玻璃冷却到应变点以下,玻璃已成为弹性体,由温度梯度所产生的应力就不能消失,以后的降温与应力变化与前述的产生暂时应力的情况相同,待冷却到室温时虽然消除了应变点以下产生的应力,但不能消除应变点以上所产生的应力,此时,应力方向恰相反,即表面为压应力,内部为张应力,这种应力为永久应力或残余应力。这种玻璃内的热应力当温度降低到室温时,也不会消失。

永久应力的产生也可以由玻璃硬化时所形成的结构梯度来说明。

玻璃从转变温度到退火温度区,在每一温度下,均有其相应的平衡结构。在冷却过程中,随着温度的降低,玻璃的结构将连续、逐渐地变化。在玻璃中存在温度梯度时,各温度所对应的结构也不相同的,即出现了结构梯度。当温度急冷到应变点以下时,这种结构梯度也被保存了下来。

玻璃的结构与转变温度 T_g 有关。转变温度同玻璃的冷却速度有关。玻璃的温差变化相差 10 倍时,其转变温度相差达 $25 \sim 30$ ℃。当玻璃从高于转变温度 T_g 急冷时,玻璃内外层的温度变化速率相差好几个数量级,其转变温度相差 $50 \sim 100$ ℃。外层降温速率高,转变温度也高,在脆性状态下就把高温时较疏松、密度较小的结构保留下来。内层则相反,在脆性状态下,其结构较致密。内外层的密度不同,这种结构因素引起各部分的膨胀系数不同。当内外层温度到达常温时,由于其体积变化不同,就产生了永久应力。

5.2.3　平面应力(区域应力)

平面应力是由横向温度不均引起的。各种在线应力仪测出的就是这种应力。其大小与长度无关,即与玻璃带绝对降温速度无关,只取决于玻璃板横向温度分布。平面应力对玻璃带掰断、掰边影响很大。掰断去边之后,平面应力大部分消失,对玻璃进一步加工影响很小。对厚玻璃而言,平面应力引起的问题主要是缺角,以及劈边、白渣等。

在远离横掰机的玻璃带中,平面应力的方向与玻璃拉引方向平行,只存在纵向的平面应力,不存在横向平面应力。因一般的应力测定方法测出的均是相互垂直的两主应力的差值,所以在线应力仪必须安装在只存在纵向平面应力的地方,才能准确得到平面应力的数值。

实际玻璃在退火中,沿玻璃带厚度方向、表面横向和表面纵向,无论在转变温度范围内形成的初始温度梯度还是在应变温度以下形成的温度梯度变化都会在相应的方向上产生热应力,可见热应力的状况非常复杂,其性质(压应力、张应力、大小、方向)与受力点的位置、温度、应变点前后的热历史都有关系。由于玻璃带表面横向温差所导致的平面应力破坏性最大,我们对该平面应力作一分析。

图 1-5-1 为玻璃板横向的永久应力分布示意图。受力位置是 Y 轴和玻璃板的交线。图 1-5-1(a)是受力位置在转变温度范围内形成的初始温度梯度。在环境温度下均温后,随着温度梯度消失,玻璃板中部形成张应力,靠近两横边处形成压应力。图 1-5-1(b)是永久应力的分布示意图,为了对永久应力有更形象的描述,图 1-5-1(c)表示出了受力位置各点所受应力的方向。

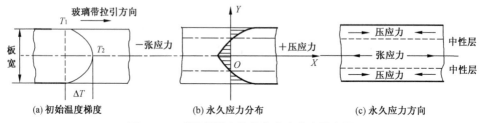

图 1-5-1 玻璃板横向的永久应力分布示意图

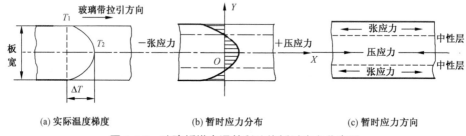

图 1-5-2 玻璃板横向温差所致的暂时应力分布图

比较图 1-5-1 和图 1-5-2,两种应力的方向都与温度差的方向(横向)相垂直,即应力的方向都沿着玻璃带的纵向。不同的是,当温度梯度都为中间高、两边低时,暂时应力和环境温度下的永久应力的指向在同一受力点正好相反。

为了减小残余应力,必须减小初始温度梯度。减小初始温度梯度最简单的方法是降低冷却速度,增加退火时间。对影响小的温度范围可适当加快冷却速度,对于暂时应力,当退火结束后就自行消失,所以原则上在玻璃不会炸裂的前提下,应变点后的退火过程中应尽量加快速度。

5.2.4 应力消除不理想,玻璃容易出现的问题

1. 理想的应力状态

玻璃退火过程中,应力的理想状况是:玻璃带两边部是较大的压应力,中间是较小的张应力,如图 1-5-3 所示。

2. 应力消除不理想,玻璃出现的问题

玻璃在退火过程中,如果应力消除不好,通常会出现以下一些现象:

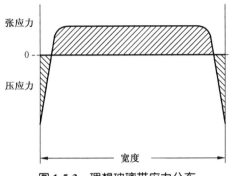

图 1-5-3　理想玻璃带应力分布

（1）边部张应力过大的常见现象

边紧，炸边；易多角；边不易敲下，敲边后边子出现类似炸边的形式断裂；人工辅助敲边时裂纹易向板中延伸。

（2）边部压应力过大的常见现象

边松，拍辊；易缺角；敲边时边子易碎，常有爆皮；横切易出现毛刺，横切时光边处裂纹不直，易呈"Y"形掉小三角。

（3）边部张应力过大且中间有压应力

人工辅助敲边时裂纹易向板中延伸，典型时裂纹向内扩张后呈纵裂形状；易纵裂；堆垛工抬板时易破。

（4）中间有压应力

横切易出现裂口，易纵裂一直贯通进，横切不走刀痕，板下易爆皮。

5.3　玻璃的退火工艺

5.3.1　退火原理

玻璃在锡槽成型后离开锡槽的温度约为 600 ℃，玻璃板能被冷端操作者接受的温度约为 70 ℃，在这个温度区间，玻璃经历了从塑性体到弹性体的变化过程，这种变化的转折点大约在 480 ℃。而玻璃退火主要解决两个问题：一是残余应力值要合适，太小易碎，太大不易切裁；二是暂时应力分布均匀，否则在冷却过程中玻璃板面易出现物理缺陷，甚至炸裂。在高于 480 ℃温度时玻璃通过变形吸收温度差形成永久应力，在低于 480 ℃时，到玻璃温度达到室温时，暂时应力也随之消失。

1. 退火温度范围(退火区域)

退火上限温度和退火下限温度之间的温度称为退火温度范围（退火区域）。玻璃的退火温度范围随化学组成不同而不同，一般规定能在 15 min 内消除其全部应力或 3 min 内消除95%内应力的温度，称为退火上限温度，此时的黏度为 $10^{12.4}$ Pa·s 左右，相当于玻璃的转变温度 T_g；如果在 16 h 内才能全部消除或 3 min 内仅消除5%

应力的温度称为退火下限温度,相当于应变温度 T_{st},此时的黏度为 $10^{13.6}$ Pa·s 左右。

玻璃在转变温度 T_g 至应变温度 T_{st} 范围内即在退火温度范围内,玻璃中的质点仍能进行位移,可以产生应力松弛,消除玻璃中的热应力和结构状态的不均匀性。

玻璃退火温度的范围一般介于 50~100 ℃,它与玻璃本身的特性有关。根据理论计算和生产实践经验,玻璃的退火上限温度约为 540~570 ℃,退火下限温度约为 450~480 ℃。

高于退火温度上限时,玻璃会软化变形。低于退火温度下限时,玻璃结构实际上可认为已固定,内部质点已不能移动,也就无法分散或消除应力,玻璃中的永久应力不再随加热和冷却而变化。玻璃制品从退火温度下限冷却到室温,必须控制一定的冷却速度,冷却过快时,产生的暂时应力大于玻璃本身的极限强度,制品会炸裂。

2. 退火温度曲线

(1) 退火温度曲线有几种类型及特点

退火温度曲线有"上弯式""下弯式""阶段式""直线式"等,这些退火曲线各有利弊。目前大多数采用"直线式"退火温度制度,即用较高的退火温度,随后按应力允许值要求恒速降温到快速冷却阶段,所以从开始降温到快速冷却阶段的范围内退火温度曲线是一直线。这种退火制度优点很多,如退火过程工艺简单、退火时间短、质量好以及便于控制等。对于"下弯式"退火曲线,其特点是低温保温,在退火温度范围内,以指数率增加冷却速度直到快速冷却阶段为止,这种方式与"直线式"相比控制起来相对比较难。

(2) 影响退火温度曲线的因素

玻璃退火时所经历的温度变化一般由一条曲线表示,这条曲线称为退火温度曲线。在制定玻璃退火温度曲线时,应考虑玻璃的成分、应力允许值、玻璃厚度等影响因素。

① 退火窑中温度差的影响 一般断面温度的分布是不均匀的,从而使玻璃的温度也不均匀。为此,设计退火温度曲线时,为了安全起见,对慢冷速度要取比实际所允许的永久应力还要低的数值,一般取允许应力的一半。同时,加热速度、快冷速度的确定,也应考虑温差的影响。

② 玻璃厚度和宽度的影响 厚玻璃的内外层温差大,在退火温度范围内,厚玻璃保温的温度愈高,在冷却时其应力松弛愈快,玻璃的应力容易集中,因此,厚玻璃退火时保温温度应适当降低。加热和冷却的速度也应随之减慢。

③ 玻璃化学组成的影响 在生产过程中,对于化学组成进行调整后玻璃的退火,这时,退火曲线也应进行相应的变化,以便适应该种组分玻璃的退火要求。

3. 玻璃退火的标准

对于玻璃而言,玻璃退火后的残余应力随玻璃的厚度增加而增大,一般可用下面的公式来计算其光程差：

$$\Delta n = Kd \tag{1-5-1}$$

式中：Δn——玻璃带的光程差（nm/cm）；

　　　K——应力计算系数，一般 $K = 3\sim6$，计算时可视制品的用途和玻璃带的厚度而定，厚度大于 10 mm，K 取低值；

　　　d——玻璃的厚度（mm）。

对于玻璃的退火标准，根据生产实践和理论计算，退火后的残余应力与玻璃带的厚度关系如图 1-5-4 所示。

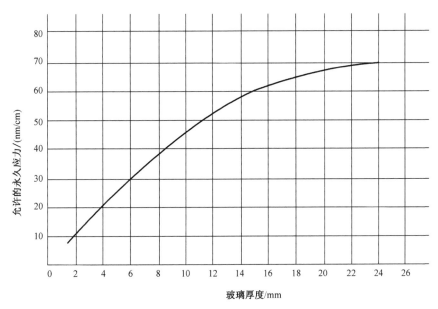

图1-5-4　浮法玻璃的残余应力与玻璃带厚度的关系

5.3.2　退火的五个阶段

玻璃退火的目的是使永久应力减弱并控制永久应力在允许范围内。在退火过程中，温度梯度的大小是产生内应力的主要原因。冷却速度愈慢，温度梯度愈小，产生的应力就愈小。通常，玻璃的退火需经历加热均热、重要冷却、缓慢冷却、快速冷却及急速冷却五个阶段，各阶段的温度分布如下：

1. 加热均热阶段

该阶段温度控制在 600～550 ℃。在正常生产情况下，玻璃带从锡槽拉引出来经过过渡辊台，进入的温度一般为（590±10 ℃），此温度高于玻璃的最高退火温度，是可以不用再加热的。但由于玻璃带从锡槽出来通过过渡辊台时，玻璃带的上下表面和带中与带边往往存在着温度差，有时甚至还比较大。为使玻璃带进入退火区创造良好的温度场条件，提高玻璃的退火质量，必须适当加热，尤其是边部。

2. 重要冷却阶段

该阶段温度控制在550~450 ℃,是产生和消除永久应力的主要区域,所以必须正确地确定其冷却速度,精心地进行退火,以保证玻璃的退火质量。

3. 缓慢冷却阶段

该阶段温度控制在480~380 ℃,是产生暂时应力的主要区域,即在玻璃退火的下限温度以下的冷却,可以以较快的速度进行,但冷却速度也不能太快。玻璃在低于退火下限温度进行冷却所产生的内应力为暂时应力,暂时应力沿板厚度方向分布与永久应力相反,其最大的张应力在板的表面。如冷却速度太快,则会引起暂时应力过大而使玻璃破裂。

4. 快速冷却阶段

该阶段温度控制在380~230 ℃。这个阶段虽有温差应力,但由于温度较低,也不会产生过大的暂时应力,可以敞开,利用自然冷却降温。

5. 急速冷却阶段

该阶段温度控制在230~70 ℃,是退火的最后阶段,不易产生暂时应力,但为了便于切割掰断,要降温,可以风吹强制冷却。

模块 6　常见热熔玻璃的生产方法

热熔玻璃的工艺特点使得艺术家的思想和想象得到了淋漓尽致的发挥,色彩斑斓,品种多样。以石英砂为主要模具材料制成的各种纹理玻璃是热熔玻璃产品家族中比较简单的产品;玻璃切割技术加上陶瓷纤维纸(板)生产的叠纹玻璃,石英砂做成弧度加上陶瓷纤维纸(板)做成的热熔柱工艺相对复杂。

6.1　常见热熔玻璃的生产方法

6.1.1　水波纹玻璃的生产方法

用约60目的纯净石英砂在炉子里铺平(1.5 cm厚),然后按图片上的纹理开始作画。注意起笔、收笔都要轻,不要太突然,行笔要均匀,水波浪要自然顺畅,不要出现像三角形的尖角形状。然后用铅笔作画就可以了,图1-6-1为水波纹热熔玻璃。

图 1-6-1　水波纹热熔玻璃(附彩图)

6.1.2　太阳花、卷曲图和浪头玻璃的生产方法

做法与水波纹的做法相似,但应注意图案用笔的粗细,卷曲中也应有大小的变化,浪头上一点点的亮处可用几个手指头轻轻在砂土压出一个个的小窝即可,图 1-6-2 为太阳花、卷曲浪头图热熔玻璃。

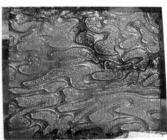

图 1-6-2　太阳花、卷曲浪头图热熔玻璃(附彩图)

6.1.3　乱石玻璃的生产方法

用耐火砖敲成约 2 cm 大的碎砖,然后摆成图状的乱石图形。弯卷的图案用高温棉卷好按比例摆好即成。注意四周的平边位置留好,平边用双面胶把高温纸按要求贴在玻璃边上,然后再放到炉子里进行烧制。图 1-6-3 为乱石做法热熔玻璃。

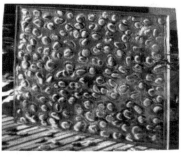

图 1-6-3　乱石做法热熔玻璃(附彩图)

6.1.4　冰峰与叠纹玻璃的生产方法

叠纹与冰峰的做法基本一样,只是冰峰顶头像山峰一样。

叠纹烧制的方法:叠纹玻璃的波浪一般高约 2.6 cm(以 5 mm 玻璃为例,厚玻璃适当加大),低处与平条一样,高处与高处的距离视整块叠纹的大小来决定。尺寸长则波浪长一些。平边一般在 1.3 cm 左右,排放玻璃应在两边多放一条或两条平条,中间一条平条(或两条)与一条波浪(或两条)相间隔地放。放玻璃前应先把炉底找平,在上面铺上一层高温纸或普通的纸。注意玻璃尽量挤紧,以防烧不牢,四周或两边用模具条拦住,以防条子倒下和烧后尺寸变大。

烧叠纹和冰峰玻璃对玻璃原件和温度的控制比较严格,玻璃原片要求用优质玻璃,温度控制视不同的炉子而定。如果原片玻璃的质量不过关或温度控制不理想都有可能使烧出的产品炸裂。所以要不断积累经验,才能烧出更好的产品。

叠纹和冰峰烧制不能强行降温,且需降到常温时才能出炉以防炸裂。图 1-6-4 为冰峰与叠纹热熔玻璃。

图 1-6-4　冰峰与叠纹热熔玻璃(附彩图)

6.1.5　热熔台盆玻璃的生产方法

连体台盆的模具可用高温硬板(陶瓷纤维板或其他材料)制作,按玻璃尺寸要求在模具上挖所需盆形的孔(如椭圆、圆形、方形、心形等各种形状,大约 40 cm),在孔的四周边用砂纸打磨光滑即可,用不锈钢焊一个支架支撑模具,要求支架平整,支架高约 20 cm,大小与模具差不多。对一般盆来说,烧制约 16 cm 深即可。不同形状的模具不要放在一起烧,以免盆的深浅不好掌握。如一炉同时烧几个盆则要求炉体温度比较均匀,否则烧出的盆不一样深。烧盆的温度比热熔玻璃的温度低。盆烧好后还应打孔和磨边,有的还要加上喷漆包装。盆是否成型可在观察孔观察,一般刚降温时盆还会往下沉 1~3 cm,具体要视模具口径的大小而定。热熔炉不能烧全透明连体光盆。

果盆、餐盆、烟灰缸的模具制作方法是一样的,只是深浅和形状不同而已。以圆形果盆为例,先在 1~5 cm 厚的陶瓷纤维板或其他材料中间挖一圆孔,打磨圆滑,然后在四周雕出所要求的图案,或用高温纸剪出各样图案,然后放在已挖好孔的模具上,用大头针固定,把玻璃放在上面就可以进炉烧制了。也可以在玻璃上放一些彩色玻璃烧制,或用发泡粉制作一些气泡效果的产品。

6.1.6　热熔镜玻璃的生产方法

各种热熔镜的制作方法大体是一样的,只是模具形状和大小变化而已。如椭圆镜(一般玻璃尺寸约为 950 mm×65 mm,用 8 mm 厚的玻璃),先用厚约 10 mm、长 1 000 mm、宽 700 mm 左右的板或纸(也可用其他材料)在中间切去长 790 mm、宽 490 mm 的椭圆,然后在椭圆周围摆上各种形状图案的模块,就可以把玻璃放在上面进行烧制了,也可直接把玻璃放在模具上,然后在玻璃周围放上各种形状的玻璃(也可放彩色玻璃)进行烧制。镜底烧好后按要求在上面贴上镜片,在背后贴上挂片就可以了。热熔镜玻璃如图 1-6-5 所示。

图 1-6-5　热熔镜玻璃(附彩图)

6.1.7　热熔热弯玻璃的生产方法

热熔热弯玻璃就是在热熔的基础上做热弯产品,可以在热熔时一次成型,即用高温材料做成热弯模具,然后在上面雕出各种图案后,把玻璃直接放在上面烧成。这种做法适合弯度较浅的产品,弯度较大较深的产品应先热熔好后再做热弯。热熔热弯玻璃如图 1-6-6 所示。

图 1-6-6　热熔热弯玻璃（附彩图）

6.2　热熔玻璃与其他玻璃的区别

6.2.1　热熔玻璃与热弯玻璃的区别

首先热熔所用料坯不全是平板玻璃，有的用玻璃块料、粉料，其次热熔玻璃加热温度比热弯玻璃要高，最后热熔玻璃用复杂形状模具，不仅弯曲成各种形状，而且还可得到浮雕、立体雕刻，加工过程中还可以在表面撒上彩色玻璃、有色玻璃粉，放置金箔、银箔、金属丝等，达到五色缤纷的效果，而热弯玻璃仅是弯曲成模具的形状。放置碎玻璃、撒金箔的热熔玻璃如图 1-6-7 所示。

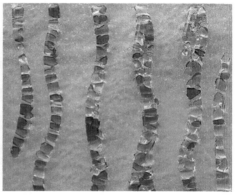

图 1-6-7　撒金箔、碎玻璃热熔玻璃（附彩图）

6.2.2　热熔玻璃与浇注玻璃的区别

热熔玻璃和浇注玻璃也有一些区别，浇注法成型的玻璃黏度较热熔成型时要小得多,浇注时的黏度为 $10^3 \sim 10^5$ Pa·s,玻璃是熔体,流动性较大,而热熔时为 $10^5 \sim 10^6$ Pa·s,流动性明显降低。与黏度相对应的温度,浇注法也较高,为 1 100 ~ 1 200 ℃。浇注法所用材质为流体(熔融玻璃液),而热弯法所用材质为固体(平板玻璃、玻璃块、玻璃颗粒)。浇注法一般成型后,开模取出玻璃制品,将玻璃制品单独送去退火,个别复杂不对称形状的制品,才连模具一起退火,退火后把模具打碎(一般用石膏、耐火泥等材质制成)取出制品;而热熔玻璃是玻璃和模具一起退火的。

6.3　热熔玻璃产品欣赏

其他工艺制作相对复杂,需要一定技术水平、有艺术家鲜明特色、发挥了想象力,融合了玻璃本体质感和热熔工艺特色的热熔艺术玻璃系列如图 1-6-8 所示,琉璃玻璃系列如图 1-6-9 所示。

图 1-6-8　热熔艺术玻璃系列(附彩图)

图 1-6-9　琉璃玻璃系列(附彩图)

模块 7　环保型热熔玻璃制备及性能

环保型热熔玻璃是以 95%~99% 的碎玻璃为原料,以 1%~5% 的石英砂为纹理面形成剂,制备的建筑用环保型热熔玻璃。

环保型热熔玻璃的性能与纹理形成剂石英砂用量、烧成温度以及保温时间等因素有关。如随着石英砂用量的增加,产品的抗折强度逐渐降低;随着烧成温度的升高,产品的抗折强度逐渐升高;随着保温时间的延长,产品的抗折强度逐渐升高。

7.1　环保型热熔玻璃原料

7.1.1　碎玻璃

以废旧窗玻璃为主要原料,所用碎玻璃的性能如表 1-7-1 所示。试验中碎玻璃的加入量为 95%~99%。

表 1-7-1　碎玻璃性能

密度/ （g·cm⁻³）	抗折强度/ MPa	热膨胀系数/ （10⁻⁷℃⁻¹）	透光率/%	软化温度/℃	硬度（莫氏）
2.55	6.8	91.4	88	650~710	6

7.1.2　纹理面形成剂

一般以难熔的石英砂（工业纯，含量≥99.74%）为纹理面形成剂。石英砂的粒度为 300 目，加入量为 1%~5%。

7.2　环保型热熔玻璃制备

首先将碎玻璃清洗，烘干后破碎成 20 mm 以下的颗粒，取一定重量破碎后的碎玻璃加入球磨罐中，加入 3% 的蒸馏水后球磨 3 min，再加入 1%~5% 的纹理形成剂石英砂，再球磨 3 min，然后将球磨后的配合料倒入不锈钢模具（10 cm×10 cm×5 cm）中，最后放入马弗炉中，以 10 ℃/min 升温至 850~950 ℃ 下烧成，保温一定时间，自然冷却后就得到建筑用热熔玻璃。

7.2.1　石英砂加入量

图 1-7-1 是试样中加入不同质量百分比的石英砂，在 900 ℃ 下保温 90 min 后的抗折强度；由图 1-7-1 可以看出，随石英砂加入量的增加，试样的抗折强度逐渐降低。这是因为随石英砂加入量的增加，高温下碎玻璃的有效结合面积逐渐减少，从而导致试样的结合强度降低。

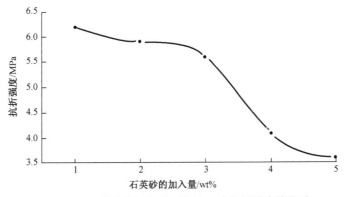

图 1-7-1　石英砂的加入量对热熔玻璃抗折强度的影响

7.2.2　烧成温度

一般情况下，普通玻璃的软化温度为 650~710 ℃，要使得破碎的玻璃重新黏结在一起，则烧成温度通常要比软化温度高 100~300 ℃。图 1-7-2 为烧成温度范围为850~950 ℃ 时石英砂的加入量为 3% 的试样，在烧成温度下保温 1 h 后的抗折强度与烧成温度的关系曲线。

由图 1-7-2 可以看出,随着烧成温度的升高,试样的抗折强度逐渐增加,当烧成温度大于 900 ℃时,试样的抗折强度增加幅度逐渐降低。这是因为实验过程中,试样中的碎玻璃块被难熔的石英砂分隔开来,随着温度的升高,碎玻璃的黏度逐渐降低,塑性逐渐增强,当温度较高时,碎玻璃可以绕过石英砂颗粒的缝隙而黏结成一个大块,并且黏度越低,黏结得越牢固。因此其抗折强度随温度升高而增大,且强度逐渐接近于窗玻璃的强度。

图 1-7-3 是试样在 900 ℃下保温 90 min 后的 XRD 图谱,由图 1-7-3 可以看出,试样完全为玻璃相,没有发现 SiO_2 等晶相产生,因此可以断定,在高温下石英砂是以非晶态形式存在于试样中,并与碎玻璃紧密地黏结在一起。

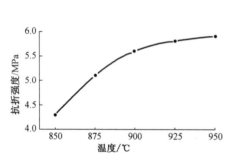

图 1-7-2　热熔玻璃烧成温度与抗折强度的关系

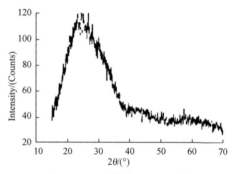

图 1-7-3　试样的 XRD 图谱

7.3　环保型热熔玻璃性能

表 1-7-2 是石英砂加入量为 3%的试样,在 900 ℃下保温 90 min 后的基本性能。

表 1-7-2　环保型热熔玻璃基本性能

性能指标	数值
密度/($g \cdot cm^{-3}$)	2.53
线膨胀系数/($10^{-7}℃^{-1}$)	91.1
抗折强度/MPa	5.6
热稳定性(200 ℃时投入 20 ℃水中,温差 180 ℃)	无异状
透光率/%	43.1
硬度(莫氏)	6
吸水率/%	0
耐酸性(1%H_2SO_4)/%	0.08
耐碱性(1%NaOH)/%	0.03
是否有残余应力	无

由表 1-7-2 可以看出,由于石英砂的密度和膨胀系数比碎玻璃的低,因此所制备试样的密度和膨胀系数低于普通玻璃的密度和膨胀系数;另外,从表 1-7-2 可以看出,所制备的热熔玻璃热稳定性、耐酸性及耐碱性好,透光率高,且纹理面上无残余应力,强度高,可大量用于建筑装饰材料。利用碎玻璃制备热熔玻璃是固体废弃材料再生利用、保护环境的又一新途径。

模块 8　热熔装饰玻璃生产工艺控制实践

热熔装饰玻璃生产工艺控制好坏对最终产品的质量影响很大,其中最关键的控制在于温度控制,包括热熔炉内温度的均匀性、升温所需达到的最高温度和退火温度控制。

8.1　保温时间

图 1-8-1 是石英砂加入量为 3% 的试样,在 900 ℃ 不同保温时间下的抗折强度。由图 1-8-1 可以看出,随着保温时间的延长,试样的抗折强度逐渐增加,力学性能逐渐变好。这是因为在高温下,具有塑性的碎玻璃可以绕过石英砂颗粒而紧紧地黏结在一起,随着时间的延长,碎玻璃颗粒之间的有效结合面积逐渐增加,因而碎玻璃之间结合越牢固,抗折强度越高。实验中还发现,当保温时间较长时,试样的透光率有所降低,如图 1-8-2 所示。这是因为,高温下碎玻璃的塑性形状变化带动了石英砂颗粒的运动,导致石英砂在试样中无规则地排列,而不是仅仅存在于碎玻璃的表面,从而导致试样的透光率降低。与此同时,所制备试样的纹理也随之模糊。

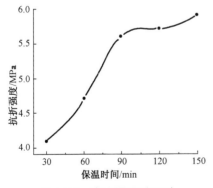

图 1-8-1　烧成保温时间对
热熔玻璃抗折强度的影响

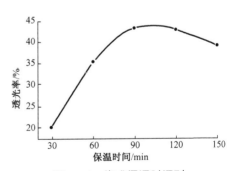

图 1-8-2　烧成保温时间对
热熔玻璃透光率的影响

8.2 热熔装饰玻璃生产工艺温度控制实践

热熔玻璃产品有门窗用热熔玻璃、墙壁装饰用热熔玻璃、隔断用热熔玻璃、玻璃艺术品等,其典型产品为热熔叠纹玻璃。要想使热熔玻璃呈现完美的装饰效果、达到较高的艺术价值,生产过程中的质量控制是关键。要达到设定的艺术设计要求和质量要求,必须对玻璃加工过程的温度进行科学、精确的控制,否则将影响到玻璃的装饰效果和艺术价值。

8.2.1 热熔玻璃加工生产过程中存在的主要问题

模具材料或保温材料潮湿,加热中水蒸气及材料中成分溢出,侵蚀玻璃表面,影响玻璃透光度。

板面受热不均匀,局部温度过高或过低,引起玻璃过度软化或软化程度不够,烧制不到位,产品凹凸度不能满足设计要求,立体效果差。

温度控制过分依赖人工观察。我国大多数厂家采用数显温控表辅以人工观察的方式进行加热成型温度控制,产品的质量好坏完全依赖于操作者的经验、工作态度,批量生产质量难以保证。

温度控制不合理,玻璃表面光亮度变差。玻璃在加热过程中,特别是在烧制成型的最高温度、保温时间控制不合理,影响玻璃产品的表面质量,造成玻璃表面缺陷,外在表现为表面光亮度变差,产品"发乌"。

8.2.2 热熔玻璃生产设备

热熔玻璃主要设备为热熔炉。热熔炉的结构包括炉体、顶盖及温控系统。炉体从外到内从下至上,依次为支撑架、外框钢结构壳体、陶瓷纤维保温棉、耐火砖、石英砂,同时在炉体上留有观察孔;炉体顶盖从上到下依次为炉盖固定架、壳体、保温棉、保温棉防护网、红外电热管;附属结构包括固定铁丝或螺杆用以固定耐火砖,液压升降机、红外电加热管连接线及数显温度控制仪,轨道。

目前国内热熔炉有一对一和一拖二两种结构形式。一对一是一个炉体一个顶盖配套使用;一拖二即一个顶盖两个炉体配套使用,当一个炉体生产时,另一个炉体工作,当第一个炉体完成一个工作周期即退火结束后,第一个炉体上的顶盖通过轨道及电葫芦或电机移至第二个炉体,如此反复,循环使用。

热熔炉加热。热熔炉采用箱式电加热,在炉膛上部安装红外电热管为发热元件,以辐射加热为主,对炉膛内放置的平板玻璃进行加热。一般玻璃吸收 $2\sim 4\ \mu m$ 的中波红外线,加热效率比较高,对钠钙玻璃,短波红外辐射效率为 $30\% \sim 40\%$。电阻丝加热比较"霸道",红外电热管加热比较柔和,红外电热管比电阻丝加热能使炉内温度分布更为均匀,因此热熔炉多采用红外电热管作为加热元件。

8.2.3　热熔玻璃加工生产过程中存在主要问题的解决措施

1. 保温材料及模具的干燥

热熔玻璃在加热过程中,如果炉内保温材料、模具材料含有水分,在生产过程中,这些水分就会溢出,水分及水中的溶解物质对玻璃表面侵蚀,在玻璃表面形成缺陷,严重影响玻璃表面质量,进而影响美观。

热熔炉使用的保温材料一般为玻璃纤维棉,热熔玻璃生产常用的模具材料有:石英砂模、陶瓷纤维纸(板)模、石膏模等。对于首次使用的热熔炉,应该在烧制玻璃之前,在 $105\sim110$ ℃烘干 $2\sim3$ h,炉体留缝,以保证水蒸气的排除和保温材料彻底干燥,如果连续生产,保温材料则不需要再次烘干,如果间隔时间较长,特别是空气湿度大时,需要在使用前进行干燥,这个过程也称为"烘炉"。

生产普通纹理玻璃,使用石英砂,在砂上直接作画,由于石英砂吸水性差,含水率低,一般无须再次烘干,如果使用较厚的陶瓷纤维板做模具,在放置玻璃前,需要在 $105\sim110$ ℃温度下,烘干 1.5 h 左右。

石膏模具的烘干:石膏与水以一定比例混合,注入塑胶胎体,硬化成型。硬化成型过程中会放出热量,可以使部分水以水蒸气形式排出,但不能完全干燥,在模具使用之前还应该自然干燥 $5\sim7$ 天,或者在 $40\sim50$ ℃条件下干燥 $3\sim4$ 天。

2. 板面受热不均匀问题的解决措施

如前所述,热熔玻璃生产过程中所使用的热熔炉,一般采用箱式结构。从炉体的结构看,炉体边缘部分由于与外界接触加上保温效果不理想及炉体观察口的存在,边缘部分往往较炉体内部温度低,造成玻璃板面受热不均,而形成的横向温度梯度,特别是生产的玻璃产品尺寸较大时,不均匀性明显,主要体现为产品图案变形。

为了保证加热的均匀性,可以采用如下三种措施:①加热管采用横纵向布置。加热管主要采用横向布置,加热管长度小于炉体内腔长度,在炉体周边布置一定数量的纵向加热管,保证边部与中间温度的均匀性。②将加热管加长,使加热管长度大于加热炉总宽度,加热管伸出炉体外,边缘部纵向布置小功率的加热管。③加大炉体尺寸,加工玻璃置于炉内时,距离炉体边部留有一定距离,炉体采用优质保温材料,炉体上下盖之间紧密填充陶瓷纤维保温棉。对于超大规格玻璃热熔炉可以采用分组控制间隔加热的方式。

3. 升温过程中的最高温度设定与控制

热熔玻璃成型时观察炉内玻璃烧制情况,当玻璃断面切口处锋利的断口开始变圆滑时,记下温度值 T,可以利用炉体余温或开启少量加热管使炉内温度再冲高至 $T+10$ ℃左右,并保持此温度 $5\sim10$ min,此时间不宜过长,否则会造成玻璃表面缺陷。使玻璃充分塌陷成型。$5\sim10$ min 后,玻璃即可进入退火阶段。

由于采用的玻璃原片不同,玻璃成分有一定差异时,熔制的最高温度会有一定差异,因此尽量使用同一厂家的玻璃原片。如表1-8-1为某企业统计的生产不同厚度玻璃原片生产不同热熔玻璃的最高温度。

确定了加热温度后,接下来需要进行自动控制,减少过分依赖人工观察。方法是在炉盖上开设横纵两条窄缝,即纵向热电偶轨道和横向热电偶轨道,轨道不宜过宽,保证数显温控仪热电偶能灵活移动即可。根据玻璃在炉内的位置及断面的位置,移动与温控仪相连的热电偶的位置,保证准确测量。纵向及横向热电偶轨道如图1-8-3所示。通过数显温控仪设置温度,实现最高加热温度的自动控制。

表1-8-1　不同厚度、塌陷图案玻璃与叠纹玻璃升温控制参数

序号	玻璃厚度	图案	最高温度/℃
1	6 mm	塌陷玻璃	760
2	10 mm	塌陷玻璃	770
3	15 mm	塌陷玻璃	790
4	25 mm	叠纹玻璃	810

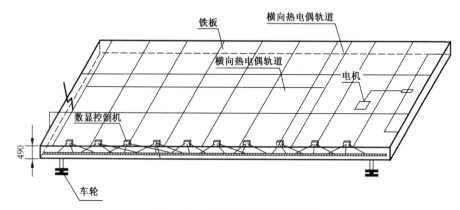

图1-8-3　纵向及横向热电偶轨道

值得注意的是,由于热熔炉大多为厂家自行制造,保温状况会稍有差异,因此在生产过程中不同炉之间的最高温度不尽相同,应针对不同的加热炉,分别找出最高温度值。

综上所述,热熔玻璃在生产过程中,会由于炉内模具、保温材料含有水分,在加工过程中,会侵蚀玻璃表面,造成玻璃缺陷,本书提供了产品生产前"烘炉"温度及时间,同时还提供了不同模具材料的干燥时间及温度。

热熔玻璃在加工过程中往往由于板面受热不均匀,影响产品质量,进而影响销路。本书提供了三种解决措施:①加热管采用横纵向布置;②加长加热管,使加热管长度大于加热炉总宽度;③加大炉体尺寸。对于超大规格玻璃热熔炉可以采用分组控制间隔加热的方式。

第 1 篇　热熔玻璃生产技术

加热温度过高或过低使产品表面质量变差,影响美观,同时成型的最高温度往往需要人工观察,过分依赖经验,为解决此类问题,本书提供了统计不同厚度、不同图案产品的最高温度,形成不同产品的加热温度曲线,同时通过设备开槽设置热电偶轨道,正确放置热电偶,使用温控仪设定温度,实现自动控制。

8.3　热熔装饰玻璃退火温度及表面质量控制研究与实践

热熔玻璃是以平板玻璃为加工对象,采用箱式热熔炉将其加热到软化点以上,使玻璃软化或熔融,经凹陷入模成型、退火成为一定平面、立体形态的装饰材料。

8.3.1　热熔玻璃的退火温度控制

对于热熔玻璃的退火,有些厂家采用直接断电自然闷冷降温法,这个方法由于退火温度控制不合理,在生产热熔玻璃特别是厚度较大的热熔玻璃尤其是叠纹玻璃时,将会使玻璃开炉即裂或者钢化过程中炸裂的几率上升,影响成品率和企业效益。为提高成品率、提高效益,下面通过理论计算并结合实际生产,给出一组科学的生产参数,为厂家生产提供参考。

1. 确定最高温度理论值

首先确定所使用玻璃的最高退火温度。最高温度的确定可根据表1-8-2计算。或者采用双折射仪测定玻璃的退火温度。

表 1-8-2　不同成分的玻璃退火温度

玻璃组成/%(质量)									退火温度/
SiO_2	CaO	MgO	Na_2O	K_2O	Al_2O_3	Fe_2O_3	PbO	B_2O_3	℃
72.6	5.5	3.7	16.5	—	0.90	—	—	0.8	530
73.2	5.6	0.37	16.5	1.5	1.00	—	—	—	540
74.59	10.38	—	14.22	—	8.45	0.21	—	—	581
74.13	9.47	—	13.54	—	2.67	0.09	—	—	562
74.25	7.91	—	12.72	—	5.23	0.07	—	—	560
66.33	17.28	—	15.89	—	0.52	0.06	—	—	496
82.83	0.02	—	16.89	—	0.28	0.08	—	—	522
72.29	9.76	—	15.65	—	0.72	0.06	—	—	560
68.34	10.26	—	16.62	—	2.50	2.10	—	—	570
74.76	7.52	1.54	14.84	—	0.93	0.08	—	—	524
67.78	—	—	18.65	—	0.46	0.08	12.56	—	465
59.34	—	—	12.31	—	0.43	0.06	27.77	—	446

65

续表 1-8-2

玻璃组成/%（质量）									退火温度/
SiO₂	CaO	MgO	Na₂O	K₂O	Al₂O₃	Fe₂O₃	PbO	B₂O₃	℃
75.38	8.40	—	6.14	9.38	0.65	0.07	—	2.05	588
62.42	8.90	—	6.26	8.06	0.62	0.08	—	13.65	610
57.81	—	—	9.55	—	0.98	—	—	31.26	523
64.00	7.00	—	11.50	—	10.00	—	—	7.00	630
71.00	10.20	—	—	18.60	—	—	—	—	670
66.45	5.40	—	7.85	13.70	1.50	—	—	1.10	535
72.00	1.55	1.45	7.20	10.45	—	—	—	8.15	560
52.49	—	—	—	9.60	—	—	—	1.45	490
47.00	—	—	—	6.04	—	—	—	—	485
31.60	—	—	—	2.85	—	—	65.35	—	470

当表 1-8-2 中的氧化物（CaO、MgO、K₂O、Na₂O、Al₂O₃、Fe₂O₃、PbO、B₂O₃）质量含量变化 1% 时可按表 1-8-3 进行调整。

表 1-8-3　组成氧化物变化 1% 时对退火温度的影响

氧化物	取代氧化物在玻璃中含量/%（质量）									
	0～5	5～10	10～15	15～20	20～25	25～30	30～35	35～40	40～50	50～60
Na₂O	—	—	-4.0	-4.0	-4.0	-4.0	-4.0	—	—	—
K₂O	—	—	—	-3.0	-3.0	-3.0	—	—	—	—
MgO	+3.5	+3.5	+3.5	+3.5	+3.5	—	—	—	—	—
CaO	+7.8	+6.6	+4.2	+1.8	+0.4	0	—	—	—	—
PbO	-0.8	-1.4	+1.8	-2.4	-2.6	-2.8	-3.0	-3.1	-3.1	—
B₂O₃	+8.2	+4.8	+2.6	+0.4	-1.5	-1.5	-2.6	-2.6	-2.8	-3.6
Al₂O₃	+3.0	+3.0	+3.0	+3.0	—	—	—	—	—	—
Fe₂O₃	0	0	-0.6	-1.7	-2.2	-2.8	-2.8	—	—	—

注："+"表示温度升高，"-"表示温度降低。

2. 确定保温时间理论值

确定退火温度后，制品需要在退火温度下进行保温，目的是使产品各部分温度均匀，以消除玻璃中固有的内应力。保温时间可按玻璃制品最大允许应力值按照公式(1-8-1)进行计算：

$$t = \frac{520a^2}{\Delta n} \tag{1-8-1}$$

式中：t——保温时间，min；

　　　a——玻璃厚度(空心或单面受热的玻璃取总厚度，实心制品取其厚度的 1/2，对于热熔叠纹玻璃，其实心厚度按直边玻璃的厚度计算)，cm；

　　　Δn——玻璃制品最后允许的应力值，nm/cm，对于热熔玻璃，图案不同，形状复杂，实际生产中我们参照了瓶罐允许应力值(50～400 nm/cm)进行选取。

3. 保温后的冷却温度理论值

(1) 慢冷阶段：当玻璃经过保温后，此时由于玻璃温度仍然较高，冷却时仍将产生应力，新产生的应力的大小受冷却速度影响。冷却速度越慢，新产生的永久应力越小。因此，保温后必须先进行慢冷。开始慢冷速度可参照公式(1-8-2)计算：

$$h_0 = \frac{\Delta n}{13a^2} \tag{1-8-2}$$

式中：h_0——开始慢冷时的冷却速度，℃/min；

　　　Δn——玻璃制品最后允许的应力值，nm/cm，对于热熔玻璃，图案不同，形状复杂，实际生产中我们参照了瓶罐允许应力值(50～400nm/cm)进行选取；

　　　a——玻璃厚度(空心或单面受热的玻璃取总厚度，实心制品取其厚度的 1/2，对于热熔叠纹玻璃，其实心厚度按直边玻璃的厚度计算)，cm。

慢冷结束后的温度应保证低于应变点温度。

(2) 快冷阶段：玻璃经过慢冷后，温度达到应变点温度以下，此时温度梯度只产生暂时应力，此时在保证热熔玻璃不炸裂的条件下，尽快冷却至出窑炉温度即可。最大冷却速度可参照公式(1-8-3)计算：

$$h_c = \frac{65}{a^2} \tag{1-8-3}$$

式中：h_c——快冷阶段最大冷却速度，℃/min；

　　　a——玻璃厚度(空心或单面受热的玻璃取总厚度，实心制品取其厚度的 1/2，对于热熔叠纹玻璃，其实心厚度按直边玻璃的厚度计算)，cm。

4. 实际温度和保温时间确定

在生产中，实际的退火温度一般较计算理论值最高退火温度低 20～30 ℃，对于热熔玻璃生产，通过实验对比，选用了低于理论值最高退火温度 10～20 ℃。对于不同厚度不同图案的玻璃需要测出成型后玻璃的最大厚度再利用公式计算其理论保温时间，对于叠纹玻璃以纹理凸起端至底面的厚度作为计算理论保温时间的厚度，实际生产中，为了保证充分退火，需在理论计算值的基础上增加 15～30 min 保温时间,对于叠纹玻璃,保温时间应取大值。冷却速度取计算值的 20% ~30%。产品形状越复杂、厚度越大、冷却速度越要慢。当炉内温度降为 90 ℃时,热熔炉盖可开启一条小缝,通过自然冷却使玻璃继续降温,当温度降为 30 ℃左右时即可完全打开炉盖,继续冷却至环境温度时,产品即可出炉。

根据生产实际,对于不同图案的玻璃,不同厚度的玻璃经过对比试验,我们采用了如表 1-8-4 的参数,产品质量优良,钢化成品率得到很大提高。

表 1-8-4 某企业不同厚度玻璃的退火、保温、冷却速度最佳参数一览表

序号	玻璃厚度	图案	退火温度/℃	保温时间/min	慢冷速度/(℃·min⁻¹)	快冷速度/(℃·min⁻¹)
1	6 mm	塌陷玻璃	550	60	1.0	2.0
2	10 mm	塌陷玻璃	550	90	0.5	0.8
3	15 mm	塌陷玻璃	550	120	0.2	0.4
4	25 mm	叠纹玻璃	560	180	0.1	0.2

5. 保温时间、冷却速度的设备保障

退火过程,玻璃板面温度的均匀性非常重要,因为温度不均将产生应力差,导致残余应力存在,玻璃易炸裂。为保证温度的均匀性,热熔炉加热系统可设置两套加热管,一套用于加热,另一套用于温度补偿,每套加热管又分成多组,通过温控仪自动控温,保障退火过程中温度的均匀性,为保证保温时间和冷却速度的准确性,炉底炉顶可设置冷却风扇。

8.3.2 热熔玻璃的表面质量控制

(1) 选用优质的玻璃原片:热熔玻璃的材质为浮法玻璃,玻璃的厚度可根据制品的形状和要求而定,但玻璃必须清洗干净再干燥,如有油迹、污秽等,热加工后在玻璃表面会形成污点,影响表面质量。另外,不同厂家生产的平板玻璃成分不尽相同,因此玻璃的退火温度制度也不相同,所以加工热熔玻璃时,应尽可能使用同一厂家的玻璃,以便形成统一的加工制度,降低生产难度。

(2) 玻璃的放置:热熔玻璃放置即装炉时,玻璃的锡面必须向下,锡面起到隔离作用,由于锡面的保护作用,加热时玻璃和模具黏连性降低,保护了玻璃的表面质量。玻璃锡面的判定,可用锡面探测仪,也可观察改裁断面进行判断。

(3) 模具表面铺覆隔离粉。在生产中,特别是以石英砂作模具生产纹理玻璃制品时,在石英砂表面铺覆一层薄薄的滑石粉,烧制出的产品,表面滑润,亮度高,质量好。

(4) 石英砂的参数选择。生产中,石英砂既作为热载体又可作模具材料,其质量选择非常重要。粒度过大产品表面受热不均,表面凹凸过于明显,过小在摊平

时易产生粉尘,一般选用粒径40~80目的石英砂。此外还应选择杂质含量少的精制石英砂,防止石英砂所含杂质与玻璃反应,影响产品表面质量。另外为保证良好的承托性和均匀加热,热熔炉炉底铺设的石英砂厚度一般为15 cm厚。

(5) 二氧化硫处理表面。二氧化硫具有减少钢化彩虹、减轻玻璃下表面的划伤、抑制玻璃表面微裂纹的扩展、延缓玻璃发霉的作用,在热熔玻璃加工过程中,采用在炉内加入分析纯升华硫,升华硫在高温下升华后与氧气反应,形成二氧化硫,实现二氧化硫对玻璃表面的保护作用。使用筛子均匀地将固态粉状的升华硫铺设于模具的凹陷处,升华硫不要和玻璃下表面直接接触,否则未完全转化的固态升华硫熔融物会沾附于玻璃表面,难以清理。

二氧化硫处理表面的环保措施。二氧化硫是无色气体,有强烈刺激性气味,具有毒性。大气中二氧化硫浓度在 0.5 ppm 以上对人体有潜在影响;在 1~3 ppm 时多数人开始感到刺激;在 400~500 ppm 时人会出现溃疡和肺水肿直至窒息死亡。因此在进行热熔玻璃烧制过程中,二氧化硫处置不当,就对车间环境及人员产生严重影响。为保证生产安全,加热过程中产生的二氧化硫气体通过排气管引入密闭的消石灰吸收池,进行中和处置。具体装置如图1-8-4所示。

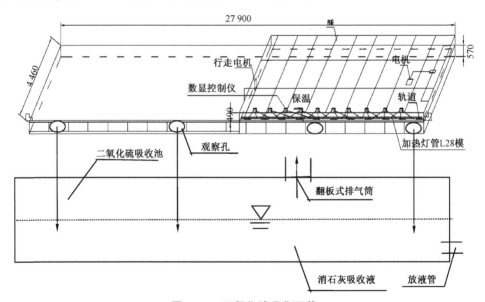

图 1-8-4　二氧化硫吸收工艺

中和池中的消石灰吸收液的浓度一般为 15%~20%,消石灰吸收二氧化硫后形成 $CaSO_3$,当玻璃烧制完成后,向吸收池内通入空气,使 $CaSO_3$ 充分氧化,转化成更为稳定无害的石膏($CaSO_4 \cdot 2H_2O$),实现二氧化硫的无害化处理。

总之,热熔玻璃在生产过程中如果退火温度、保温时间、冷却速度不当,会引起玻璃开炉即炸裂、钢化炸裂等问题,为防止炸裂,提高成品率,根据玻璃成分,计算玻璃的退火温度、保温时间、慢冷速度和快冷速度理论值,根据理论值确定实际值,本书通过对比实验,给出了一组优化后的生产参数,为企业生产提供参考。

　　产品表面质量的优劣,是产品质量好坏最直观的表现,为保证产品表面质量,可以通过选取优质玻璃、正确装炉、合理选用石英砂、进行表面处理等措施,提高产品表面质量,增强产品的艺术效果。

　　生产加工过程中的环保问题不容忽视,在使用二氧化硫处理玻璃表面时,如果二氧化硫处理不当,会影响车间环境,损坏人体健康,通过消石灰溶液吸收二氧化硫,空气氧化亚硫酸钙,实现二氧化硫的无害化处置。

第2篇　琉璃玻璃生产技术

模块 1　琉璃玻璃工艺认知

中国琉璃艺术有三千多年历史,可追溯到商周年代。早在西周和东汉时期,古人为了比拟珠玉、宝石就此创造出晶莹剔透、温润光滑的琉璃艺术精品。

按照生产工艺及原料,琉璃分为三类:(1)古法琉璃,采用"琉璃石"加入"琉璃母"烧制而成。琉璃石是一种有色水晶材料,主要成分以二氧化硅为主,天然琉璃石日渐稀缺,尤为珍贵。琉璃母则是一种采自天然又经人工炼制后的古法配方,可以改变水晶的结构与物理特性,在造型、色彩与通透度上有明显改善。(2)台湾琉璃,由西方玻璃艺术演化而来。起源为古埃及"费昂斯"工艺。《中国古琉璃研究》的分析结果表明:"费昂斯"中二氧化硅的比例为 92%~99%,与中国周朝时的琉璃差异明显。但由于二者形态近似,有人称其为西洋琉璃。(3)水琉璃,现今常见的仿制琉璃,以不饱和树脂材料制成。其特点是重量轻,敲之没有琉璃的金石之音,且日久易色变、浑浊,也就是所谓的仿制琉璃。

按照成分琉璃分为两类:铅钡琉璃和钠钙琉璃。虽然都是琉璃,但中西方却分别发展成了这两种不同系统的代表。西方古琉璃主要是钠钙琉璃,质地追求透明感。而中国古琉璃由于技术成熟较晚,在烧制中加入了大量的铅作为助溶剂,以减少烧制难度,物品透明感不强,成品类似于玉石,属于铅钡琉璃。

古法琉璃以人造水晶为原料,采用脱蜡铸造法烧制而成。脱蜡铸造技法技术难度极高,要通过数十道工序才能完成,而通过吹制或压制成型的人造水晶产品不能称为琉璃。由于脱腊铸造有几千年历史,所以琉璃又称古法琉璃或脱蜡琉璃。

玻璃包括天然水晶、人造水晶、琉璃、光学玻璃、建筑玻璃、日用玻璃等。人们日常所说的玻璃多指日用类的钠钙玻璃。人造水晶指的是含氧化铅超过 24% 的特种玻璃。这种玻璃具有钻石般的高折光率、剔透的视觉效果及高温下流动性好的特性。所以,琉璃从材质上来讲是人造水晶,一种含氧化铅的特种玻璃,制作工艺属脱蜡铸造。琉璃凭借晶莹剔透的水晶质地、铸造技法的细腻表现、变幻莫测的色彩流动,使每一件作品都具有无可比拟的独特魅力与个性,成为艺术品中的奇葩。

1.1　中国古法琉璃发展历程

在春秋战国时期,阴阳学盛行,阴阳家用陶质的坩埚、土釜或平敞的黏土炉子来氧化焙烧方铅矿以制取铅,这样,当氧化铅生成后,一旦与陶质埚、釜内壁的黏土成分接触,只要器壁温度达到 900 ℃左右,就会在埚、釜壁上生成一层铅釉。有学者曾就此做过模拟实验,结果完全证实了这一点。由于这种釉润滑光亮,敲击脱落后很像玉石,这就给阴阳家以启示,使他们有意识地尝试用这种铅矿煅灰与黏土或石英砂一起熔炼。摸索发现,用石英砂炼制得到的成品质地润泽,光洁晶亮,这就得到了正式的原始琉璃配方。

早在战国时期,中国的方士们就流行着"食金饮玉"可以长生的说法。用这种方法得到的琉璃距离玻璃发现仅仅差最后一步,因为此时烧造琉璃烧制气温低,有大量气泡,且含有钡,因而透明度是比较差的。阴阳家曾经尝试用提纯后的金属铅去烧炼,这种方法炼制出的琉璃由于原料中不再含有铅矿中附有的众多杂质,因而更加光洁晶莹,更像玉石,而且熔炼温度也有所降低。随着古代当时社会格局的改变,以聿明氏为代表的阴阳学者从中国历史上消失,从琉璃到玻璃的过程也成为不可能。

以五斗米道发展来的道教的炼丹术开始盛行,试炼珠玉也成为炼丹家们的活动之一。东汉王充《论衡·率性篇》说:"道人消烁五石,作五色之玉,比之真玉,光不殊别。"又说:"随侯以药作珠,精耀如真,道士之教至,知巧之意加也。"这些记述反映了道士们烧炼珠玉的活动,则是无疑的,而烧炼珠玉正是导致琉璃出现的直接来源,但发展缓慢,而且长期保持自己固有的特点,"比之真玉,光不殊别",质地"虚脆不贞"(《汉书·西域传》颜师古注语)。这主要是由于阴阳学家东迁时将大部分相关书籍密藏,使得道教无法得到前人的研究资料,因此我国古玻璃自始至终属于低温铅钡琉璃。由于受制作目的和技术的影响,古代社会生活中的应用范围受到很大限制。

由于传统琉璃的这些局限,西方玻璃传入我国后,引起人们极大惊异,学者们视其为奇物异宝而加以记载。《汉书·西域传》记载说:"罽宾国……出珠、珊瑚、虎魄、璧流离。"罽宾国位于今阿富汗一带,璧流离指的就是玻璃。李志超认为该词对应于拉丁语 vitrum,是音译加上了意译的结果。他指出:古籍中对于 vitrum 的译法很多,例如《梵书》中的"吠琉璃"、《酉阳杂俎》的"毗琉璃"、《一切经音义》的"髀头梨""颇黎"等,都是 vitrum 及其派生字的音译。译名的多样化,正说明这类外来品与中国土产琉璃在性状上差异很大,以致中国人不知道它们是同一类物质,因而对之赋予了多种多样的名称。

晋王嘉的《拾遗记》记载吴主孙亮用"琉璃"作屏,"甚薄而莹澈,使四人坐屏风内而外望之,如无隔,惟香气不通于外"。《西京杂记》说汉武帝造神物,"扉悉以白琉璃作之,光明洞澈"。这些记载,如果不是夸张之辞,那么文中的"琉璃"必然是从域外传入的琉璃,否则不会有那样好的透明效果。文献中对于西方琉璃的传入,也常有反映。《艺文类聚》卷八十四"琉璃"条,对之有多处描写。史书中对域外"火齐珠"(琉璃透镜)的记载,更是屡见不鲜。古书《梁四公记》则记述了玻璃由海路传入的具体例子:"扶南大舶从西天竺国来,卖碧颇黎镜。面广一尺五寸,重四十斤,内外皎洁。置五色物于上,向明视之,不见其质。问其价,约钱百万贯。文帝令有司算之,倾府库当之不足。"《梁四公记》一书,著者不明,有说为沈约,也有说为张说,总之它反映的是南北朝时期的事情。

不但琉璃成品,而且玻璃制作技术也传了进来。《北史·大月氏传》记载:"太武时,其国人商贩京师,自云能铸石为五色琉璃。于是采矿山中,于京师铸之,既成,光泽乃美于西方来者。乃诏为行殿,容百余人,光色映彻。观者见之,莫不惊骇,以为神明所作。自此,国中琉璃遂贱,人不复珍之。"

这是说,琉璃制作技术传入以后,在中国的国土上也能造出令人叹为观止的琉璃来,从此人们对琉璃就不以为奇了。《北史》这段记载,也见于《魏书》,说的是北魏太武帝拓跋焘时代的事,大约发生于 5 世纪中叶。此外,两宋时的大食诸国、清代早中期的西欧传教士都曾将琉璃制作技术传入我国,对我国的琉璃制造产生了一定影响。由于国外技术的传入及工匠的努力,最终再次掌握了这套成熟的琉璃生产技术。

1.2　琉璃在古代建筑中的应用

官式建筑琉璃构件种类大体可以分为五大类:勾滴筒板构件、常用异形构件、脊构件、吻兽雕塑构件、特殊建筑定制构件。

勾滴筒板是琉璃构件中使用量最多的种类,也是屋顶上防水、泄水的主要功能构件。勾滴筒板是筒瓦、板瓦、勾头、滴水等四种构件的简称。筒瓦、板瓦为相互对应的构件,在官式建筑中,几乎每种形式的屋顶都会有,用量也最大。勾头、滴水则是筒瓦、板瓦垄尽头的装饰构件,起到保护大木椽头和连檐的作用。

常用异形构件是在不同建筑形式、不同使用位置,具有不同功能的特殊形状的琉璃构件,基本分为四类:第一类是在檐角处保护檐头的构件,例如螳螂勾子、割角滴子、净面勾子、钉帽等;第二类是在大型屋面上为防止瓦件下滑、增加阻力的构件,例如星星筒瓦、抓泥板瓦等;第三类是在卷棚顶元宝脊上用的弧形构件,例如罗锅筒瓦、折腰板瓦等;第四类是在圆形伞状顶上用的排号瓦件,例如竹子板瓦、竹子筒瓦等。这些异形构件不仅美观,而且在特殊位置具有良好的实用功能。

屋脊通常有垂脊、戗脊、岔脊、围脊、博脊等。这些脊相互交错变化产生出不同的屋顶形式,常见的有庑殿顶(又称四阿顶)、歇山顶、悬山顶、硬山顶、盝顶、攒尖顶、伞状顶、卷棚顶等。

在功能上,屋脊是古建筑最重要的构件,也是薄弱点,此处的琉璃脊饰件有着极其重要的防水功能。

在形式上,官式琉璃的大部分脊饰件有别于地方的脊饰件。地方琉璃脊多满饰雕刻,以博眼球。例如,山西的琉璃烧造技艺历史悠久,其工艺精湛,色彩艳丽,造型繁复精美,千余年来已形成别具一格的特色。官式脊多为无纹饰的素面,表达的是庄严肃穆之感,例如正通脊、三连砖。而在檐角处的端头,也会用到有雕刻花纹的脊件,为庄严的大殿增加了一丝活泼,例如撺头、联半正兽座。脊饰件不仅有防水、保护大木的作用,还可以体现出建筑物或建筑群的等级高低。

木结构建筑中角梁与正脊的交汇点,是建筑中防水能力最薄弱的地方,早期建筑中也会重点垒砖抹灰保护,慢慢地发展成带有简单纹饰或装饰线条的琉璃构件。为了祈求平安,防止火灾发生,工匠们逐渐把琉璃构件的线条刻画成龙头鱼尾纹饰,到了元明清时期形成了固定的螭吻形象。

除了正脊,在角梁和角梁的端头也添加了装饰兽件。这些构件具有防水功能和装饰性,并能体现建筑等级。装饰兽件可以分为两类,一类是正脊两端的吻兽、垂脊岔脊使用的垂兽和角梁尽头的套兽,相对于装饰作用,它们保护木结构的实际作用更显著;另一类是仙人、走兽,其装饰性和体现等级的作用更突出。在制作吻兽雕塑构件时,通常会先用模具制作大体的外形,再经过人工细部修饰、抹活、轧光等程序。在纯手工制作时代,这种方法把琉璃构件之间纹饰的差别降到了最低限度。

特殊建筑定制类琉璃构件通常是仿大木、仿彩画的形式。外观上做出大木梁架的梁、枋、檩、椽、斗拱等外形,表面用雕刻和施釉做出彩画的大致纹饰。这些构件或为包镶大木梁枋(明代常见),或是直接砌筑建筑。大型的构件,例如北海西天梵境"琉璃阁"、颐和园"智慧海"等。中型的例如北海"九龙壁"、香山"昭庙琉璃塔"、孔庙"琉璃牌楼"。小型的构件,小到宫苑琉璃门楼、燎炉、墙帽等。还有一种琉璃构件是须弥座类,包括墙壁宫殿须弥座和宝顶类须弥座。通常由土衬层、圭角层、下枋层、下枭层、束腰层、上枭层、上枋层等七层构成,其纹饰根据建筑物分为光素无纹和有纹饰的两种,大小尺寸和纹饰与建筑物相结合,变化万千。这类构件因为是定向烧造,没有固定尺寸,因此几乎不能通用。

1.3 琉璃艺术品欣赏

西汉中山靖王琉璃耳杯如图 2-1-1 所示,古代琉璃瓦如图 2-1-2 所示,现代琉璃艺术品如图 2-1-3 所示。

图 2-1-1 西汉中山靖王琉璃耳杯（附彩图）

图 2-1-2 古代琉璃瓦（附彩图）

图 2-1-3 现代琉璃艺术品（附彩图）

模块 2　琉璃生产工艺

琉璃烧制技艺离不开我国的青铜器冶炼技艺,也不可能避开我国瓷器烧制技艺,这三者之间有着密不可分的历史传承关系,它们的烧制技艺也有必然的联系。

2.1　青铜器烧制技艺

中国青铜器源远流长,其历史可以上溯到公元前 3000 年左右。自夏代开始,中国进入了青铜时代,夏、商、西周、春秋、战国、秦、汉,每一时期青铜器冶炼都有着前后承袭的发展演变系统。我国古代青铜器种类繁多、形制多样,包括礼器、生产工具、兵器、车马器和其他用具。其中礼器又包括了食器、酒器、水器和乐器等。

考古研究确定青铜时代开始于夏代,二里头文化地域分布和夏代版图相符合,二里头文化的碳 14 年代测定都在夏纪年的范围之中,这导致了许多学者达成以二里头文化为夏文化的共识。传说中夏禹铸九鼎,史料中也有夏禹之子夏启炼铜的记载。考古工作者曾在偃师二里头遗址中发掘出炼渣、炼铜坩埚残片、陶范碎片。这些也证明二里头文化已经有了冶炼和制作青铜器的作坊。目前考古发现的均为夏代晚期青铜器。夏代青铜器一开始就出现了礼器和兵器两大类,奠定了中国青铜器以礼器和兵器为主的构架模式。

商代青铜器发展到鼎盛,大型器物迭现,花纹繁缛精致,并带有神秘主义的色彩。商代早期和中期的青铜器是中国青铜器艺术趋于成熟的发展时期。以酒器为主的礼器体制初步建立,兵器种类增多。分铸技术的应用已较娴熟,制范、合范技术相当进步。这一时期的青铜器在黄河、长江的中游地区多有发现,奠定了青铜艺术鼎盛的基础。

后母戊鼎是商代后期铸品(见图 2-2-1),于1939 年出土于河南省安阳市武官村,现藏于中国国家博物馆《古代中国》基本陈列展厅内。后母戊鼎高 133 cm,口长 112 cm,口宽 79.2 cm,重 832.84 kg,形制巨大,雄伟庄严,工艺精巧。鼎身四周铸有精巧的盘龙纹和饕餮纹,增加了文物本身的威武凝重之感。足上铸的蝉纹,线条清晰。腹内壁铸有"后母戊"三字,字体笔势雄健,形体丰腴,笔画的起止多显锋露芒,间用肥笔。

图 2-2-1　后母戊鼎(附彩图)

后母戊鼎是已知中国古代最重的青铜器。它

充分说明商代后期的青铜铸造不仅规模宏大,而且组织严密、分工细致,足以代表高度发达的商代青铜文化。

被国内外公认为是中国古文明伟大象征的青铜器,在某种意义上可以说是青铜铸造技艺所造就的。中国开始冶炼青铜的时期虽然晚于西方千余年,然而后来居上,青铜冶炼水平很快超过了西方。从鼎中最大最重的后母戊鼎、精美的曾侯乙尊盘和大型随县编钟群,以及大量的礼器、日用器、车马器、兵器、生产工具等,可以看到当时中国已经非常熟练地掌握了综合利用浑铸、分铸、范铸、失蜡、锡焊、铜焊的铸造技术,在青铜冶铸工艺技术上已处于世界领先地位。

青铜铸造技术最主要的是范铸法和失蜡法。范铸法产生较早,应用得最普遍。了解古代青铜器的造型方法有助于理解琉璃瓦制品的造型。现在有些琉璃瓦构件制品,如"一仙十兽",就是用范铸法这种方法造型的。

范铸法又称模铸法,先以泥制模,雕塑各种图案、铭文,阴干后再经烧制,使其成为母模,然后再以母模制泥范,同样阴干烧制成陶范,熔化合金,将合金浇注入陶范范腔里成器,脱范后再经清理、打磨加工后即为青铜成品。

失蜡法是冶炼精密青铜等金属器物的铸造方法。

中国铸造业使用的失蜡法至迟起源于春秋时期。河南淅川下寺 2 号楚墓出土的春秋时代的铜禁是迄今所知的最早的失蜡法铸件。此铜禁四边及侧面均饰透雕云纹,四周有 12 个立雕伏兽,体下共有 10 个立雕状的兽足。其透雕纹饰繁复多变,外形华丽而庄重,反映出春秋中期我国的失蜡法已经比较成熟。战国、秦汉以后,失蜡法更为流行,尤其是隋唐至明清期间,铸造青铜器采用的多是失蜡法。

失蜡法操作程序是用宝蜂或山蜂的蜡制作所要铸成器物的样子,先后在蜡模上涂以泥浆,再用别的耐火材料填充泥芯和敷成外范。这就是泥模。一般制泥模时就留下了浇注口,铸件时从浇注口灌入铜液。泥模晾干后,等待焙烧成陶模。加热烘烤后,蜡模全部熔化流失,使整个铸件模型变成空壳,只剩陶模。浇铸器物可以玲珑剔透,有镂空的效果(中国古法琉璃制品多用失蜡法造型)。失蜡法一般用于制作小型铸件。用这种方法铸出的铜器既无范痕,又无垫片的痕迹,用它铸造镂空的器物更佳。中国传统的熔模铸造技术对世界的冶金发展有很大的影响。现代工业的熔模精密铸造,就是从传统的失蜡法发展而来的。虽然范铸法与失蜡法在所用蜡料、制模、造型材料、工艺方法等方面都有很大的不同,但是它们的工艺原理是一致的。20 世纪 40 年代中期,美国工程师奥斯汀创立以他的名字命名的现代熔模精密铸造技术时,曾从中国传统失蜡法中得到启示。

中国古代的青铜文化十分发达,并以制作精良、气魄雄伟、烧制技术高超而著称于世。皇家贵族把青铜器作为皇家大典和放在宗庙里祭祀祖先的礼器。因此,青铜器不是一般老百姓可以拥有的,它作为一种皇权和贵族地位的象征,一种纪事耀功的礼器而流传于世,这一点和琉璃制品的应用范围和功能性质是一致的。

青铜文化在世界各地区都有发展,这是因为青铜作为工具和器皿的原料有其优越性:首先,自然界存在着天然的矿藏纯铜块,也就是红铜,因此红铜也是人类最早发掘认识的金属之一。由于红铜的硬度比较低,不适于制作生产工具,尤其是在中国这样的农业大国,红铜在生产中发挥的作用不大。后来,人们又发现了锡矿石,并学会了提炼锡。在此基础上人们认识到添加了锡的红铜成了青铜,比纯红铜的硬度大。青铜是红铜和锡的合金,因为其氧化物颜色青灰,故名青铜。由于青铜的熔点比较低,约为 800 ℃,硬度高,为铜或锡的 2 倍多,所以容易熔化和铸造成型。

有许多铜合金名称中有青铜但不含锡,如铝青铜、铍青铜、锰青铜、硅青铜。在铜合金的分类中,黄铜和白铜以外的都称为青铜。

现代科学测定红铜的硬度为布氏硬度计的 35 度,加锡 5%,其硬度就提高为 68 度;加锡 10%,即提高为 88 度,经锤炼后,硬度可进一步提高。中国古代人们经过长期生产实践、不断摸索,已经能够准确地掌握青铜的锡铅比例,可根据铸造青铜器用途、大小以及设计期望值的不同,按比例加锡、铅。《周礼·考工记》里明确记载了制作不同的青铜器的不同合金比例:"六分其金面锡居一,谓之钟鼎齐(剂)。五分其金面锡居一,谓之斧斤齐(剂)。四分其金而锡居一,谓之戈戟齐(剂)。三分其金而锡居一,谓之大刃齐(剂)。五分其金面锡居二,谓之削杀矢(箭头)之齐(剂)。金锡半,谓之鉴燧(铜镜)之齐(剂)。"这是当时世界上最早的合金配比的经验性科学总结,表明当时人们已认识到合金成分与青铜的性能和用途之间的关系,并已定量地控制铜锡的配比,以得到性能各异、适于不同用途的青铜合金。

首先,一般加锡越多,铸好的青铜器就越硬,但同时青铜会变得更脆。其次,青铜溶液流动性好,凝固时收缩率很小,因此,能够铸造出一些细部十分精巧的器物。最后,青铜的化学性能稳定,耐腐蚀,可长期保存。此外,青铜的熔点较低,熔化时不需要很高的温度,所以青铜器用坏了以后,可以回炉重铸。

商代晚期至西周早期,青铜艺术辉煌灿烂。商代礼器的重酒体制臻于完善,布满器身的纹饰大量采用浮雕和平雕相结合的方法,精美绝伦。运用夸张、象征手法表现动物神怪的兽面纹空前发达,既庄严神秘又富有生气。随着汉字的发明创造,纪事铭文礼器在商末出现。周初礼器沿袭商制,出现了向重食体制转变的端倪。铸记长篇铭文是西周青铜礼器的重要特点。

西周中期,从穆王时期开始,青铜器艺术进入了一个新的转变时期。无论造型设计,还是花纹构图,都发生了巨大变化,和西周早期形成鲜明的对比。这是一次革命性的转变,它打破了商代以来的陈旧模式,开辟了青铜器文化的新天地,在器物的造型设计和纹饰结构方面,有许多新的突破,特别是基本上放弃了青铜器纹样对称构图的规律,变具象图案为抽象纹样,大量采用比较自由的连续构图方法,使得装饰图案产生较为活泼的效果。这种变革是意识形态变化在青铜器艺术上的一种反映,其影响是深远的。西周时期青铜器全面继承了殷商时期的冶铸工艺技术,在浑铸法、分铸法广泛应用的基础上,发明了活块模、活块范、一模多范和开槽下芯法制作铸型,以及采用铸铆和"自锁"结构连接器物附件的新工艺,把中国青铜器艺术推向了一个新的发展阶段。

商朝和西周时期,青铜器文化走向发展的顶峰。商朝盛行以鸟兽为器物形象的青铜尊,如四羊尊、象尊、猪尊和鸮尊等。西周早期仍然延续商代的青铜器。中期时则开始趋近于简朴风格。方鼎、缸、爵、角、斝、觯、觥、卣、方彝等早期常见的青铜器已经大规模减少或消失。列鼎和编钟开始出现。列鼎是地位和身份的象征,按照高低的阶层来实行数量分配:天子九鼎,诸侯七鼎,大夫五鼎,士三鼎。部分西周青铜器还带有铭文。

春秋战国时期青铜冶炼技术仍然在继续发展,但已经不像前朝那样烦琐,而是讲究实用和朴素风格。商代和西周时期盛行酒器,在春秋战国时期已经大为减少,带钩和铜镜是当时冶炼水平的代表物。在楚国的长沙出土了最多数量的铜镜。而在曾国出土的大型曾侯乙编钟以及其他一系列青铜器则是春秋时期高超的冶炼技术的反映。进入秦汉时期,虽然前期青铜器依然在铸造,但是也开始逐渐被早期铁器所取代。铜镜的冶炼工艺沿袭下来,但在材料上也开始出现改变。制作精美的大型青铜器都是礼器。

青铜礼器的分类:

青铜食器主要分为蒸饪器、盛食器两种。蒸饪器包括鼎、鬲等;盛食器包括簋、盨、豆等。其中鼎是最重要的青铜器。

青铜酒器主要分为饮酒器和盛酒器两种。饮酒器包括爵、角、觚、觯、觥等;盛酒器包括樽、壶、钟、方彝等。

青铜水器主要是在行礼时净手所用,以表示恭敬和虔诚。水器包括盘、匜、盉、鉴等。

青铜乐器主要有铙、钟、鼓、镈、钲等。根据钟组的形制差别,不同的钟有"铙""铎""镈钟""甬钟""纽钟"等不同称呼。而编钟是将各种不同的钟按照大小、音阶依次排列而悬挂在钟架上。

2.2 古法琉璃烧制技术

中国古代的琉璃是在冶炼青铜器时偶然发现的,在高温 1 000 ℃以上的火炉中一种水晶琉璃母石被熔化,熔化后的石料会自然凝聚成高贵华丽、巧夺天工的琉璃,其形状和数量是不可控制的。

如前所述,中国古法琉璃亦称脱蜡琉璃,即琉璃的种类之一。采用"琉璃石"加入"琉璃母"烧制而成。烧制技艺是用中国古代冶炼青铜脱蜡铸造技术,纯手工加工制造,一件成品要经过10多道手工工艺制造工序,精修细磨后经两次烧制而成,古法琉璃艺术品如图2-2-2所示。

琉璃石是一种有色水晶材料,《天工开物·珠玉篇》载:"凡琉璃石与中国水精、占城火齐,其类相同。……其石五色皆具……"现在天然琉璃石日渐稀缺,尤为珍贵。

琉璃母是一种采自天然又经人工炼制后的古法配方,可以改变水晶的结构与物理特性,使其在造型、色彩与通透度上有明显改善。《钱围山业谈》载:"奉宸库者,祖宗之珍藏也……琉璃母者,若今之钱淬然,块大小犹儿拳……又谓真庙朝物也……但能作珂子状,青红黄白随色,而不克自必也。"

图 2-2-2 古法琉璃艺术品(附彩图)

古法琉璃的制作工艺相当复杂和费时,有的作品烧制前的制作过程就需要20多天,而且主要工艺靠手工操作。烧制过程中的各个环节的把握相当困难,其火候把握之难更可以说是一半靠技艺一半凭运气。仅出炉一项,成品率就只有70%。更关键的是,古法琉璃不可回收,不像青铜、金银制品,废品可以回炉重塑,也就是说出炉的产品出现一点儿问题,数十天、几十道工序、多少人的努力就付诸东流了。所以世上没有两款一模一样的琉璃,这是古法琉璃的珍贵之处。

一般来说,古法琉璃制作流程可分为下面几个步骤。

1. 造型设计

将设计创作理念绘成平面设计图稿,再雕塑立体原形。为了有完美的比例与美感,泥坯上的每一笔一刀都必须极其精准、细腻。

2. 制硅胶模

在雕塑好的原形表面涂上硅胶并以石膏固定外形,再制成硅胶阴模。

3. 灌制蜡模

灌入热熔的蜡,待其自然冷却成型后成为阳模,其中镂空与倒角的细节转折处必须靠细心、耐心与双手的巧劲小心拆取。

4. 细修蜡模

将灌制好的蜡阳模、毛边、气孔细心修补。

5. 制石膏模

将耐火石膏灌铸在修饰后的蜡模外,制成含蜡石膏模,再以蒸汽加温脱蜡,即成耐火石膏阴模。

6. 进炉烧制

将石膏模与配制好的水晶琉璃料放进炉内,慢慢加温到 1 000℃ 左右,水晶琉璃料软化流入石膏模内成型。

7. 拆石膏模

待其降温冷却后从炉内取出。小心拆除石膏模取得琉璃作品相坯。

8. 研磨、抛光

将作品不断重复地研磨、抛光,直至琉璃的光泽透射出来,展现晶莹的质感,即可完成作品。

9. 签名、包装

确认琉璃作品完善后镌刻签名,包装完成。

2.3　古法琉璃的养护

(1) 不可碰撞或摩擦移动,以免出现表层划伤。

(2) 保持常温,实时温差不可太大,尤其不可自行对其进行加热或冷却。

(3) 平面光滑处,不宜直接放置于桌面,最好要有垫片。

(4) 宜用纯净水擦拭,若使用自来水,需静置 12 h 以上,保持琉璃表面的光泽与干净,切不可沾上油渍异物等。

(5) 避免与硫黄气、氯气等腐蚀性气体接触。

2.4　水琉璃与古法琉璃的鉴别

1. 水琉璃的识别特征

水琉璃的材质是树脂、水晶胶等化工原料,类同于透明塑料,其特点如下:

(1) 色泽

明显的化工色素,等同塑料制品。

(2) 密度

等同于塑料,远远轻于真正的琉璃,商家常将水琉璃与大量的金属附件组合在一起,在重量上造成混淆,更有一些不良商家为蒙骗消费者,常在水琉璃制品底部暗藏铅块等重物,以造成真琉璃的假象,消费者只需仔细辨别即可识破。

(3) 声音

敲击时产生的声音与塑料制品相仿。

(4) 透明度

明显混浊,不通透。

(5) 保存时间

一至两年后即开始褪色,通透感变差。通俗地说,时间越长,就越像塑料。

2. 古法琉璃识别特征

（1）色泽

水晶和玻璃都有不同的色彩，但全部以纯色为主。混合后会爆裂或者混浊。唯有古法琉璃可以由多种颜色混成，且通透如故。

（2）密度

古法琉璃的密度明显高于玻璃，略高于水晶，且手感滑润。

（3）声音

轻轻敲击古法琉璃会有金属之音。

（4）透明度

介于玻璃和水晶之间，偶有烧制流动过程产生的少量气泡。

（5）保存时间

无限期，从材质角度看，古法琉璃永不变色。从汉王刘胜墓中出土的古法琉璃耳杯依然色泽如新，剔透如故。

模块 3　琉璃生产技术特征

北京琉璃渠窑厂自元代始就是皇家的官窑，在朝廷的督造下，一直按朝廷工部规制烧制琉璃瓦构件，形成了中国皇家建筑标准的官式琉璃瓦构件制作技艺流程。

北京官式琉璃瓦构件及其他琉璃品烧制技艺流程，是指要严格按宋代《营造法式》规制的传统规程和标准进行烧制和检验。其烧制流程、技艺与中国传统烧瓷程序差不多。不同的是，瓷器使用高岭土，琉璃瓦使用坩子土；瓷器是一次烧制成品，属于高温烧制，琉璃瓦是两次烧制成品，属于低温烧制。

坩子土经"粉碎、筛选、淘洗、配料、炼泥"后，普通琉璃瓦通过制坯、修整成型，琉璃工艺品还要再精雕，然后晾干或烘烤后入窑。第一次入窑烧制叫"素烧"。素烧的温度在 1 000~1 150 ℃，素烧会让黑色的坯子变成白色；经素烧之后的初级产品，用铅做助熔剂，以含铁、铜、锰和钴等矿物元素做着色剂，并配以适量石英，然后在产品外表施彩釉，晾干后二次入窑。第二次入窑烧制叫"彩烧"。二次入窑彩烧的温度要低于素烧，其温度控制在 600~910 ℃。

自古以来，最先有权享用琉璃的必定是皇家，红墙黄瓦正是皇家建筑的标志。清史资料中曾有"建筑如越制，人即犯上越礼"的记载，那时的建筑在台基、房屋高度、琉璃瓦数目和琉璃颜色等方面都有着严格、详尽的规定。只有皇家建筑和皇帝敕封的寺庙、道观才可以使用黄色的琉璃瓦，官府贵人宅院使用其他颜色琉璃瓦，老百姓则严禁使用。

北京官式琉璃制品,"此瓦只应天上有,近看有形、线条优雅、寓意深刻、刚柔相济、形神兼备",这是清代"样式雷"和"琉璃窑赵"两大皇家建筑家族,沿承《营造法式》共同建立的产品要求和标准,也是琉璃渠人对生产的每一件皇家琉璃制品近乎苛刻的要求标准。

一件琉璃制品从原料到烧制成成品需要 10 多天的时间,包括原料的粉碎、淘洗、配料、炼泥、制坯、修整成型、烘干、素烧、施釉、二次入窑烧釉、出窑,总共要有 20 多道工序。经过这些工序出炉的琉璃制品通体挂釉,即使常年日晒雨淋,依然能够保持艳丽的色泽,而且不会增加建筑物的负荷。一些技术含量高的工序,像关键的釉色配方、火候控制等技术,一直都是由"琉璃窑赵"的传人掌控。

琉璃烧制技艺传承了中国青铜冶炼和瓷器烧制技艺以及中国古法琉璃技艺。当然,在漫长的琉璃烧制实践中,北京琉璃烧制必有自身烧制工艺的独特性。

3.1 琉璃渠官式琉璃烧制技艺特征

1. 制作工艺独特

先以高温烧制成坯,出窑冷却后再上釉,然后进行釉烧,为二次烧成。

2. 釉料独特

釉料以石英和氧化铅为主,是种含铅的烧制玻璃的基釉料,具有明亮透底的特点,为传统琉璃釉料的正宗配方原料。

3. 原料独特

门头沟区是北京的煤炭基地,其蕴藏量占北京地区的 92.51%,其煤质优良,为琉璃烧制提供了充足的燃料。门头沟区蕴藏着丰富的坩子土,它伴随着煤炭而生,是介于煤层与页岩石层之间的一种矿物。也就是说,哪里有煤炭资源,哪里就有坩子土这种资源。坩子土是中国北方地区烧制陶瓷器和琉璃瓦的上等原料。琉璃渠村紧邻龙泉雾村,考古发现,龙泉雾村自辽代就开始烧制白瓷和唐三彩,已经积累了丰富的坩子土开采和使用及烧瓷经验,这一点很重要,为日后琉璃渠窑成为北京官窑创造了关键条件。

琉璃渠村和龙泉雾村周围蕴藏着大量的煤炭和坩子土,这在明代《宛署杂记》中有文字记载,"琉璃局(渠)村,对子槐山在县(宛平县,现门头沟)西五十里,山产甘(坩)子土,堪烧琉璃"。对子槐山在琉璃渠村西,龙泉雾村西南。琉璃渠窑厂所用原料为本地特有的坩子土,可以做到选料精细,并且可以先采样试烧,达到标准方可使用。这种坩子土的特性是虽为黑色土质,一次素烧后就变成了白色素坯,所以琉璃渠官窑的琉璃胎质呈月白色而且坚硬,容易挂釉,不脱釉。

4. 造型独特

琉璃渠窑厂烧制的琉璃瓦和其他琉璃制品是皇家建筑不可或缺的料件和饰物。

几百年来,一直是由皇家"天工坊"监制,造型独特,不允许随心所欲地创新与变化。皇家建筑各种构件的造型从宋代曾历经演变,到明清时期基本定型。

5. 技艺传承独特

北京官式琉璃烧制的传承方式,无形间保证了琉璃渠琉璃窑传统标准化。官式琉璃产品的技术要领掌握在窑主手里,以一种特殊的形式传承。比如,造型方面有清代琉璃匠家歌诀流传下来,包括琉璃做法歌诀和算法口诀两类。歌诀中说道"琉璃匠,跟着上,不怕丢,就怕忘"是指在安装过程中琉璃构件的顺序,丢了可以找,忘了无法装。在生产中窑主常用口诀来提示窑工,如"方五斜七",指尺寸的算法,一个正方形构件打对角,正方是五,斜角必是七。口诀语言精练,记得牢,一句话能说明一个比例关系。业内艺人经常用"出"或"退"的口诀进行交流和传授,如"出一、出二、出三,退一、退二、退三"等。这种高级技术要领普通窑工是不太懂的。他们只会干,不知其意,行外人更是无法破解。

6. 工艺流程严谨

琉璃渠标准的官式琉璃烧制工艺流程,是生产优质琉璃瓦及琉璃制品的基本保障。琉璃渠琉璃烧制工艺流程,是一个非常严谨的操作系统,每道工序缺一不可,来不得半点儿马虎和偷工减料。

3.2 琉璃渠官式琉璃制作工艺流程

首先是将采用的坩子土原料进行拣选配料,然后进行粉碎和淘洗、炼泥,制模成型,待坯胎晾干后,入窑素烧,再根据图案需要进行施釉,入窑彩烧,这样一件成品就算完工了。

琉璃渠官式琉璃烧制分"上三作""下三作"操作系统。

"上三作"是烧制琉璃制品的主要部门,它们是稳作(负责设计、制模)、窑作(烧窑看火候)、釉作(负责配制釉料)。

"下三作"主要是粉料、沤料、装窑、出窑、供应燃料等。

3.2.1 前期准备

1. 选料

烧制琉璃的工艺流程首先是选料,烧制琉璃产品的主要原料是来自琉璃渠村对子槐山的坩子土,开采出来的坩子土也要经过挑选。选料的标准是以含铁少的坩子土为好,这样烧出的坯胎发白色,坩子土含铁多烧出的坯胎发红,影响釉色的艳丽。这个环节关键是看坩子土的成色。

有经验的师傅看上一眼,就能分辨出坩子土的成色,断定出哪种成色土质适合哪种琉璃瓦产品的烧制。好的坩子土可以用牙咬,口中并不感觉牙碜。有些精细产品,每次选料后都要经过试烧后方可采用。

2. 晒干

选好料后,将原料拉回窑场进行晒料,因为开采的原料含有水分,干料易于粉碎和碾轧。

3. 配料

新坩子土需添加其他原料,如叶蜡石、熟瓦片等,主要用于提高产品在制作过程中的抗变形能力,配比一般为15%左右。

4. 粉碎

将经过晾晒的坩子土进行粉碎,粉碎过的料一定要细得跟面粉一样才行。过去粉碎坩子土非常费力,主要靠牲口拉大型碾子碾轧,用箩筛出细土,剩下的沙粒就不能再用了。现在都使用机械粉碎,降低了粉碎成本,提高了粉碎质量,也有效地控制了粉尘污染。

5. 泅泥

接下来就要进行淘洗,也叫"泅泥",就是砌几个大池子,将配好的料放入池中加入水进行泅泡,水量以饱和为准,按照产品生产要求,时间以7~8天为宜。

6. 搅泥

搅泥也叫"炼泥",传统搅泥方式是人工搅拌,主要是脚踩或用泥叉子摔泥,要求最少三遍,脚踩或摔泥遍数越多越好用。工人赤脚把泥踩来踩去,使之均匀滋润发亮才行,便于成型。现在这道工序主要依靠真空搅拌机搅拌泥料。

3.2.2　制作过程

1. 稳作

稳作亦称"吻作",是"上三作"第一作,这道工序主要是完成琉璃制品的设计、构件造型和制出模具。其程序是,由技师按照建筑构件的设计图样或实物,一比一用炼好的坩子土泥将所需的物件逼真、惟妙惟肖地做好、捏好,行话叫"塑形"。操作这工序的工人,需要跟师父学上好几年才能独立操作,因为这属于美术中的雕刻艺术,学徒得有一定的灵性。

塑形完成后,要经过反复修改,核实没有问题后,去晾干定型,工人们称已经塑好形的泥塑为一个活件。

下一步是制作模具。先取干后的泥塑活件,用石膏把整个活件包裹起来(俗称糊石膏)。在糊石膏时一定注意掌握好力度,重了容易使里边的器物受撞击破碎变形,力轻了就会在石膏与物件间留下空隙,就不能完整地复制活件。糊好石膏后要将外部修整成规矩的几何体,便于放置。等到石膏干透之后,再用细锯把石膏按正纵长轴从中间锯开,一分为二,取出中间的泥活件,留下石膏壳,这样一个模具就完成了。

模具交给下一道工序,工人把炼好的泥往模具里填实,然后把两半模具对接起来,使之成为一个整体,这个过程行话叫"托活儿"。小的活件大都是实心儿的,只需半天就可以把石膏模具取下来。较大的活件多是空心儿的,由于活件太软,需一天时间才能取下模具。再大的活件中间还须用泥柱支撑定型,防止塌瘪。还有一些活件根据其本身特点先把模具捆绑合整,然后从预留的孔往里面灌注泥浆使之成型,行话管这叫"灌浆"。

托活儿完成之后,紧接着就是抹活儿,即用手把活件的麻面和石膏模子的接缝处的凸痕抹平、抹光,使之圆润饱满。工艺品活件无论多么复杂必须一次成型,而非工艺品活件一次成型比较困难,可以按图样分部制作,等到从模具中托出来后再进行组合、黏合,使之成为一个整体,行话管这叫"对活儿"。有的特别大的活件没法在一个窑内整体烧制,只能先将各部分分别烧制成半成品以后,在安装时再进行对接、组合,使之成为一个整体,比如九龙壁、大吻等。

《营造法式》规定的计量单位称为"样"。一般分1样至9样,现在常用的瓦片是5样、6样、7样。能见到的最大的瓦片是4样的,天安门城楼、故宫博物院三大殿上的瓦都用这个尺寸。还没发现过有1样、2样、3样尺寸的琉璃瓦。琉璃瓦片过去多采用人工轮制和模具脱制的方法。轮制是做一个木质立柱为模具,装在转动的轮子上,用布套套在模具上,在轮子转动时把泥片均匀地贴在模具上,用刮板刮平,当厚度均匀后提起布袋把轮好的泥筒放在托板上,用泥弓子在直径处由上至下割开,然后整形即可。

抹活儿、对活儿之后就要晾坯了,晾坯就是将成型的活件在烘坯室内烘干,所以晾坯也叫"烘干"。烘干活件的温度和时间根据当时情况而定,一般温度在30~40 ℃,时间需要4天左右。过去一般是使用地炕来进行烘干,地炕的温度比较高,在60 ℃左右,所以时间也相对短一些。

2. 窑作

窑作也叫"烧窑",是"上三作"之一。窑作要求的技术性很强,第一道工序是装坯窑:将烘干后的坯件装入窑中烧制,装窑也很讲究,根据器物安排窑位,做到既要充分利用空间,又要多装活件,要先装瓦片和容易烧透的坯件,后装泥坯较厚的坯件。这是根据窑炉温度运行规律决定的,装反了会出现过火或烧不"熟"的现象。

烧窑是烧制琉璃品最有风险的环节。从素烧开始,窑作中的每一个细节如果做不好都会坏了整窑制品。一般琉璃窑门上留有一个观视的小孔,有经验的师傅透过小孔看一眼火的颜色,就知道该加温还是该收火。过去烧坯窑主要用煤,掌握烧窑的关键是控制温度,一般要经过烘窑、起火、稳火三个步骤。烘窑是窑装好后,在烧窑前先小火熏窑,是为了把素坯里的水分彻底烘干,一般需要3~4天,主要根据素坯干燥程度、窑内凉热程度或是新建窑的具体情况而定。熏窑后要冷却降温,这个过程也需3天左右。之后重新起火、稳火,烧的过程中要勤看火候,随时注意掌握窑温,烧窑温度在 1 000~1 100 ℃升温时应慢慢地达到最高值,否则坯胎会出现裂纹,只有慢慢地烘窑,才能充分排出窑中活件中残留的水分,使之不裂。烧窑时添多少煤或加多少木柴,只有经验丰富的匠师才能掌握好分寸,把握好火候,做到既不会烧过也不会欠火候。加火或者稳火,这个过程一般需要 1~2 天的时间。

经过 10 天左右闭火,待窑凉后出窑。

出窑,闭火后,不能马上全部打开窑门,要从上至下一层一层地打开,逐步把窑内热量散发出去,防止产品遇冷后断裂。素烧出窑的半成品要及时装车推到彩釉车间,千万不能随地乱放出窑的半成品,防止半成品表面污染,影响下一程序的操作。

3. 釉作

釉作就是配釉。配釉是琉璃烧制的核心技术,旧时釉作技师配釉料是相当保密的,配方都是"琉璃窑赵"的看家技术,只有师父口传心授给徒弟,旁人是根本无法接触到的。釉料的主要成分有氧化铅、石英粉、高岭土、氧化铁、氧化铜、氧化锰、钴、锌等。现在配釉这道工序也是由专门配制人员,按照配方配制好以后,交给工人去上釉。

上釉。上釉分两种方法,一是浇釉,主要用于瓦片上釉,将釉料兑上适量的水,将其调成米汤状的黏稠液,用勺子把釉料从瓦件的一侧浇下去,釉料液均匀地施抹到瓦件素胎体上。釉料的稀稠需根据不同的制品设计需求调和。二是用笔上釉(搭釉),主要用于吻、走兽、琉璃工艺品的上釉,工人根据产品的需要控制上釉的厚度,釉上得适中,在烧制过程中流动小,出来的成品色泽分明而光亮。

上釉的关键技术是釉料的浓度要适中,保证釉料在瓦面的厚度。釉料配制的好坏直接影响到琉璃制品烧出来的色泽、亮暗与整体效果。釉料的成分随颜色的不同而不同,重要的物件配色比例成分是秘方,秘不外宜。一般来说,琉璃瓦构件釉料的颜色有黄、绿、蓝、紫、黑、白等色,没有红色。黄色是由三氧化二铁配制而成,绿色是由氧化铜配制而成,蓝色是由氧化钴配制而成。

彩烧这一工序是琉璃这种制品区别于陶瓷器烧制特有的工序。也就是说,青铜器、瓷器、陶器等是一次性烧制,而琉璃瓦件制品需要二次烧制。

彩烧时,掌握窑中的火候和温度非常重要。彩烧的温度较素烧的温度要低一些,根据釉料色彩的不同,其彩烧温度也有所不同,一般控制在 600~910 ℃。绿釉需 880 ℃左右,黄釉需 980 ℃左右,孔雀蓝需 1 000 ℃左右。传统工艺中,彩烧釉窑的燃料主要是用木柴,旧时彩窑是不能用煤烧的,一是它要求的温度相对低些,二是煤中含硫,煤烟会把色釉熏变色,熏花了。在彩烧时,时刻注意不要让窑顶冒青烟,一冒青烟说明火候过了,要赶快撤火减柴。彩烧比素烧所需时间短,连装窑、烧制、出窑一共需用 3 天时间,其中一烧过程仅需十几个小时。

琉璃渠的色窑与坯窑严格分开,专窑专用,不能混用,因为素烧、彩烧所用的燃料不同,所以窑的大小和构造在建造时也不一样。

素烧坯窑由于要求的温度高,烧窑时要用煤做燃料,热量在 7 000 大卡以上才符合要求。现代技术革新后,烧窑可以用煤炭,甚至能用煤气、天然气、电力烧窑了,温度控制用热力表观察了,但是烧窑师傅的眼力观察的能力依然在烧制过程中起着相当大的作用。

上述工序只是琉璃瓦类产品主要工序,如果制作一件精致的琉璃工艺品必须要20 道以上工序才能完成。比如制作九龙狮、琉璃罐、瑞兽这样的琉璃作品,其工序包括设计、制图、塑形、制模、选料、炼泥、托活儿、出模、抹活儿、干燥、对活儿、装窑、素烧、看火、出窑、打磨、配釉、试釉、施釉、装窑、釉烧、出窑、组装,共计 20 余道工序。经过以上一系列的工序,一件件精美华丽、神形兼备、栩栩如生的琉璃制品便会展现在你的面前。琉璃渠老艺人赵恒泉讲:"做琉璃要掌握十字诀:抠、铲、捏、画、烧、装、挂、配、看、返,学问深着呢。"要想掌握绘画、雕塑、用色、火候等几十道工序,需要很多年的努力才能做到。

3.3　滴水筒瓦琉璃烧制流程

旧时,琉璃渠窑厂严格按照旧制生产琉璃瓦件,但是随着时代的发展,要减轻工人的劳动强度,减少环境污染,就不可避免地要使用新技术,但是这些新技术还应是在保证烧制传统北京官式琉璃核心规制下采用,下面选择琉璃渠窑厂最常见的滴水筒瓦烧制过程来介绍传统琉璃烧制工艺,以便清楚地了解现代琉璃瓦的烧制工艺。

目前,琉璃渠窑厂琉璃瓦的生产工艺,基本采用机械设备和手工相结合的生产方式。

3.3.1　原料准备

1. 选料

由于门头沟区在北京市的区域定位是生态涵养区,因此,开采坩子土受到生态保护限制,现在烧制琉璃瓦可以在坩子土原料中掺入煤矸石、煤矸灰等矿石及琉璃瓦废渣。这些东西在门头沟区可以就地取材。坩子土和这些矿产原料性质基本相同,所以琉璃烧制品的质量也可获得满意的效果。

先将坩子土(或混合原料)进行初步筛选,摊开晾晒 2~3 天,以散开后不成团为宜,同时将大块的原料拣出,以便打磨成粉状。晾干后的坩子土原料可装车运送到打磨车间,打磨车间的工人将原料用机械打碎磨细成粉状。这个工作要注意,一次往粉碎机填料不宜过多,否则容易卡住,损坏机器。粉碎后的坩子土原料需要集中起来进行闷料。

2. 闷料

将打磨细碎的坩子土集中起来,然后洒水闷透、闷软。闷料一般以 2~3 天为宜。技术要求是所闷出的料既不能太干硬，又不能太湿软，闷成湿透略呈块状为宜，否则制坯时就不易成型。下一个工作环节是将闷好的坩子土湿料运到制坯车间去制坯。

3.3.2　制坯

制坯是琉璃瓦烧制前的一道重要工序，一般采用机械制坯和手工制坯等方法。

1. 机械制坯

一般筒瓦、板瓦等普通瓦的坯材，采用真空挤坯机挤坯，在搅泥机的出泥口，加装一个与坯体尺寸相同的模具，通过不断地填料，成型的坯材被不断挤压出来。加工中要特别注意填料的速度要均匀，不要忽快忽慢，以免影响下一道工序。还要注意坯料的软硬度，湿透的坯料容易出现过软的情况，使成型的坯材瘫软、变形，影响坯材的质量，造成坯材返工率增加，费工费时。

解决的方法是，备些坩子土粉放在操作台旁边，根据坯料的软硬随时添加，发现过软时将干料掺入其中，可以纠正坯材过软的情况。机械制坯操作时，工人的精力要集中，除了调整坯料的干湿度，还要随时调整机械传送带的速度，传送带速度过快时，工人手速跟不上就易出现废品。等到瓦坯制作能够装满一车的时候，要迅速送往下道工序，否则时间过长，瓦坯就会瘫软粘连在一起，就成废品了。

2. 手工制坯

琉璃渠窑是官式琉璃瓦工艺流程，必然存在大量手工制作坯材工艺。

目前琉璃渠窑手工制作坯材有两种情况：一种是在机器成型坯材的基础上进行再加工，比如琉璃瓦滴水筒瓦；另一种是纯粹用模具制作坯材。琉璃瓦品种中的勾头、滴水瓦件以及罗锅、套兽、顶珠、花窗和正吻、垂兽等构件，均采用手工模具托活儿成型。琉璃瓦滴水筒瓦是在机器成型的基础上再加工而成，而滴水筒瓦的雨帽则是人工利用模具托活儿制成。制作琉璃瓦滴水筒瓦坯材操作分以下几步进行。

第一步，制作筒瓦的瓦身。

瓦身的制作是在机械制坯的基础上进行的。按照设计的规格尺寸，事先准备好模具和拍板、弓子等工具。操作时，将坯材放入模具中，充分贴实，并用木板拍子均匀拍打几下。之后，用钢丝弓子沿模具上端水平划一下，去掉多余的部分。接着再去掉前侧面多余的部分。制作瓦脖，同样使用瓦脖模具，与瓦身进行衔接，事先准备一盆坯料，用坯料将接缝处压实、磨平。之后，用弓子切掉多余的部分，将模具在操作台面或地面上轻轻一磕即可取下瓦件，琉璃瓦的瓦身型材就这样制成了。用于房檐部分的琉璃瓦，还要在此基础上制作安装滴水部件。

第二步，制作滴水部件。

制作滴水部件纯粹靠模具制作，按预先设计的纹理和尺寸准备好模具。制作时取下块坯料，大小差不多与滴水瓦件模具空间相当。取下后要揉几下，增加坯料的柔韧性,将坯泥放入石膏模具中,模具底面有设计好的花纹。技术上要用力按实,按实才能使花纹清晰。按实后,将模具倒扣,取出瓦件,之后用弓子沿底面进行切割。再将部件边缘处抹平,滴水瓦件即告成功。接着还要进一步加工,将滴水瓦件与筒瓦的瓦身连接,最终制成一件滴水瓦。

第三步,瓦件与瓦身连接。

首先将滴水瓦件进行处理,将其背面用钢刷刷上几下,使其粗糙,再用刷子涂抹泥料,增加黏合力。将瓦脖的切面也用钢刷刷几下,之后将滴水瓦件放在专用模具的斜面上,对齐筒瓦瓦脖的切面边缘用力按压,并用木板均匀拍打几下,用泥料在衔接处按压、抹平、粘牢。之后在其内侧、背面四槽衔接处同样抹上泥料加固精接,制成完整的琉璃筒瓦型材。

3. 修坯

制成瓦件型材后,要用特制的牛皮刮将瓦坯表面抛光、修边,之后放在预先制作好的架子上,就可以进行下一道工序——干燥。

4. 干燥

将制好的瓦坯成品码放在架子上,移入干燥室,放在支架上干燥 3~4 天。干燥室的温度一般在 45~50 ℃。不同类型、批次的坯材要分门别类地码放。干燥室的供热是通过室内地下的管道传导的。在干燥室外墙面的下端,留出一个火口,通过调节火的大小,来控制室内适合的温度。室温过高时就撤火降温,过低时就加煤升温。

干燥的时间到了,瓦坯表面比原来的颜色变浅,一般由黑色变成灰白色,质地也由软变硬,用手敲击,可以听到"当当"的声响,即可进行第一次烧制了。

3.3.3 第一次烧制

琉璃渠窑厂一直采用官窑烧制程序,所以琉璃瓦的成品一定要进行两次烧制,两次烧制的方法和使用的砖窑也各有特点。前文已提到,琉璃瓦的第一次烧制叫素烧,就是烧制的成品为白色。在介绍第一次烧制的方法前,先介绍一下素烧砖窑的构造及特点。

1. 素烧砖窑的构造及特点

素烧使用的窑是几百年流传下来的倒烟窑,它是由燃烧室、窑门、风道、烟筒、窑床及窑墙等部分组成的。

(1) 燃烧室

燃烧室长 30 cm,宽 20 cm,高 30 cm,两侧为对称的两道挡火墙。燃烧室由左右两个组成,左边的口是向燃烧室供应煤气的,右边的口是向燃烧室供应氧气的。其原理是通过点燃煤气后,再加入氧气使窑内迅速升温,通过燃烧室挡火墙,让火从上至下进行循环烧制,然后通过烟道把底火向上抽出,从而达到窑内上下温度一致。

燃烧室均用耐火砖,采用平放上下压缝的方法砌成。

（2）窑门

窑门位于琉璃窑顶部,为半圆形的拱门,采用耐火砖平放上下压缝的方法砌成,高 1.5 m,宽 0.7 m,装好窑后堵上,烧好窑后拆开。

（3）风道

风道位于窑床的下部,用砖坯竖式平放砌成,长 0.5 m, 宽 0.24 m,深 0.75 m。

（4）烟筒

烟筒置于窑顶,左中右 3 个,高 3.6 m,边长 0.24 m。

（5）窑床

窑床置于燃烧室之后,呈长方形,床面低于燃烧室底面 0.5 m,分 6 坯,每坯宽 0.4 m,长 3.6 m, 坯与坯之间留 0.1 m。

（6）窑墙

窑墙与窑门连为一体,平面呈椭圆形,将烟筒、窑床与燃烧室围在其内,左右直径 3.76 m, 前后直径 3.18 m,墙高 2.3 m,全部用砖坯砌成,整个窑墙内壁平整光滑。前面我们说过在窑门的两侧各留两个火口,都是用来给风助燃、输入氧气和煤气的。这里所说的给风是由风机施加自然风助燃,使用煤气,既可以提高加热效率,又可以有效地防止污染。制取煤气的方法并不复杂,这里简单介绍下煤气的制取。

2. 煤气的制取

（1）原料要求

用来制取煤气的原料是煤。只有达到一定的质量标准才可制出合格的煤气,其质量指标如下:

① 煤炭粒度: 25~55 mm,50~100 mm;

② 灰分含量 A:$A \leqslant 35\%$;

③ 水分含量 W:$W \leqslant 25\%$;

④ 含硫量 S:$S \leqslant 0.3\%$。

（2）煤气的产生原理

煤气是通过锅炉内煤的燃烧,使锅炉水蒸气和空气混合形成汽化剂。空气中所含的氧气、水蒸气与燃料中的碳反应,可产生大量的可燃气体,生成含有 CO、H_2 等成分的煤气。将产生的大量煤气气体通过管道输送到琉璃窑,通过窑门进行控制,从而有效地避免了直接燃烧煤带来的空气污染问题。

下面介绍烧窑前的准备工作。烧窑之前先要进行装窑。

3. 装窑

装窑时也有讲究,要注意先将窑床上杂物清理干净,保持窑床平整,然后根据不同瓦件的特点装窑。

一般情况下,越靠近窑底窑温越高,宜将用量大的、普通的琉璃瓦件放在最下面和最前面,比如板瓦。尽量将较厚的瓦或价值较高的瓦件码放在最上面。这样烧制得均匀,成功系数高。装窑时纵向每放一层瓦,就放一层耐火砖间隔。横向坯材竖着码放与横着码放交替进行。这样烧制的瓦能避免烧焦、粘连,以保证整排的瓦不倒,减少残次品。

码完窑后注意将后面的天井盖好,之后就可以封窑了。

4. 封窑

码完窑后要进行封窑,先将窑门用耐火砖封住,耐火砖要平放压缝砌成。技术要求是耐火砖之间的缝隙越小越好。封窑的材料是黏性高的黄泥。用和好的黄泥覆盖窑门,将所有缝隙封死,不可透气,确保明火不外泄,保证烧窑质量。

封窑时,在窑门的底部留一个看火孔。看火孔与风道置于一条垂直线上,垂直线直通烟筒底部,通过看火孔直接看到后墙颜色,通过后墙颜色判断该窑燃烧的温度。封窑后即可点火烧窑。

5. 点火烧窑

封窑之后准备点火,点火时可用棉丝或者废布蘸些煤油点燃,放入火口,迅速打开煤气阀门输入煤气。初窑素烧需要烧制 11 天的时间,这期间控制窑温是把握瓦件质量的关键。

窑温是逐渐升高的。第一天要烧到 150 ℃ 左右,第二天烧到 300~400 ℃,第三天烧到 500~600 ℃,第四天烧到 600 ℃ 左右,第五天烧到 750 ℃,观察到燃烧室发红了,进行一次灭火,排出结晶水,如排水不彻底,会出现黑心(一般的瓦件灭火时间为 4~6 h,贵重的活件为 6~8 h)。达到灭火时间后,重新点火。24 h 内不得超过 750 ℃。

然后每天增长 200 ℃ 左右,同时打开助燃风机供氧,直至达到 1 200 ℃ 左右为止。同时通过观火孔,观看窑底部火的颜色,此时火的正常颜色应为黄白色。第 11 天时达到闭窑时间,关闭煤气和供氧阀门。经过 24 h 后,打开窑门,打开天井,同时用风机降温,经过 3~4 天后感觉不烫手,即可出窑,同时进行质量抽样检测。

6. 一次窑检验

一次窑烧制后的瓦,表面是白色的,断开后切面的颜色也都应该是白色,敲上去的声音清脆。如声音发闷或表面间杂着黑色,发现其断面也有黑色条纹,这样的瓦易碎,使用寿命短,应该视为不合格品,要挑拣出来处理掉。经检测合格的瓦件即可进行上釉工序,进行二次烧制。

进行二次烧制前有项重要的工序就是上釉。

3.3.4 琉璃釉料制备及施釉

1. 釉料制备

传统琉璃瓦用生铅釉以铅丹做助熔剂。主要着色剂是铁、铜、锰、钴等金属氧化物,属于 PbO-SiO$_2$ 二元系统,在 850~1 000 ℃温度中烧成。生铅釉着色剂含量多少直接影响釉色深浅变化,可获得层次丰富的色彩。

不同颜色的琉璃瓦其釉料也是不同的。现代广泛使用铅熔块。其好处如下:

（1）可使瓦的釉面光滑平整;

（2）对人体危害极小。

黄色的琉璃瓦,由铅熔块和铁粉、高岭土组成,比例是铅熔块 90%、铁粉 4%、高岭土 6%。

绿色琉璃瓦是由铅熔块、铜和高岭土组成,比例是铅熔块 90.5%、铜粉 3.5%、高岭土 6%。

褐色琉璃瓦是由铅熔块、洛锡红和高岭土组成,比例是铅熔块 84%、洛锡红 10%、高岭土 6%。

调釉时注意加入适量的水,水与釉料的比例 10∶1 为宜。技术要求是不断搅拌使釉料与水充分融合,黏稠度也要合适,达到容易挂釉为宜。

2. 刷釉

将釉调制好后就可以进行刷釉的工作了。工人操作时要记住不同的色釉,并且要分别放置。要将色釉调成一定的黏稠度,然后将色釉全面覆盖到瓦坯上面,色釉厚度为 1~2 mm。干燥 48 h 即可进行二次烧窑。

3.3.5　二次烧窑

1. 二次烧窑的特点

琉璃瓦二次烧窑时使用的窑叫抽屉窑。叫它抽屉窑,是因为它的构造。烧制的琉璃瓦开始时从一端进,烧成后由另一端出。这种窑为长方形,窑长 18~30 m 不等,宽 2 m,窑筒内侧宽 0.5 m,高 0.8 m。抽屉窑的火口在半地下。进气、进风的装置与素烧窑基本相同。以 18 m 的抽屉窑为例,前 3 m 为预热带;4~6 m 为中温预热带,温度达到 600~700 ℃;7~9 m 为高温预热带,温度达到 900~1 000 ℃;9~12 m 为高温烧成带,温度为 1 000~1 200 ℃;12~15 m 为冷却带,温度为 900~600 ℃;15~18 m 为急速冷却带,温度为 100~40 ℃。二次烧窑的窑温一般在 1 200 ℃左右。

二次窑的两端是一个进口,一个出口,码放好的瓦在一端每隔 15 min 向窑里前进 0.5 m。而另一端是每隔 15 min 出窑一次。因此,窑的进口和出口也就是码窑和出窑必须是定人定岗,否则就会出现没人码窑或者没人出窑的可能,极易造成生产的间断和废品的出现。下面介绍琉璃瓦二次烧制的方法。

2. 二次窑的烧制

将上好釉已经晾干的瓦进行码窑,分上下两层码放。码窑时同样要注意底层要放置耐火砖,下层放板瓦,上面放较为精细的瓦件,如筒瓦。上下层一般码放两层瓦,每一层瓦码好后要用坯料固定。放上坯料加耐火砖起固定作用。瓦的水平之间要保持一定的间隔。要将使用过的耐火砖的毛刺砍掉,同时要抓紧时间,因为只有15 min 进出一次,否则还没有码完,窑轨就进去了。同样,二次出窑时要及时装车,否则极易堆积起来造成废品。装车时要戴上手套防止烫伤,因为刚出窑的瓦还有些烫手,要轻拿轻放。此时,还要对二次出窑的琉璃瓦进行检验。

3. 二次窑的检验

进行二次检验,主要是检查色泽、光滑度,即产品有无开裂、缺釉和落渣的情况。产品外观要求光滑整洁。釉色鲜亮纯正。瓦件组装在一起,釉色要基本一致。造型纹样规整清晰,彼此咬合一致。筒瓦合起来是个圆筒状。产品允许尺寸公差±2 mm,如板瓦,四块围拢应为近似圆筒,板瓦粘接成的夹角应为 135°±5°,达到以上要求的产品即为合格。

第3篇 热弯玻璃生产技术

模块 1 热弯玻璃生产技术认知

平板玻璃以其透明、耐磨、大面积等特点,在建筑、交通工具、平板显示等行业得到了广泛的应用。平板玻璃一般是平整光滑的,但在使用过程中由于形状、强度和安全而需要改变平板玻璃的几何形状,如一些具有弧度或曲面的玻璃。利用玻璃的非晶特性,对平板玻璃进行深加工,改变平板玻璃的形状或者提高其强度,制造出的玻璃就是热弯(曲面)玻璃。

1.1 热弯玻璃定义

热弯玻璃指平板玻璃加热到软化温度,按需要的形状,自由弯曲或压弯而成。热弯玻璃最早用于汽车、船舶的风挡,以后发展为建筑材料和装饰材料。热弯也可与钢化工艺相结合,称为热弯钢化玻璃(弯钢化玻璃);还有与夹层玻璃结合,称为热弯夹层玻璃(弯夹层玻璃)。

1.2 热弯玻璃的分类

1. 按弯曲程度分类

(1)浅弯玻璃

曲率半径 $R \geqslant 300$ mm,或拱高 $D \leqslant 100$ mm 曲面状态的玻璃,主要用于汽车、船舶的风挡,玻璃家具装饰系列,如电视柜、酒柜、茶几等。

(2)深弯玻璃

曲率半径 $R \leqslant 300$ mm 或拱高 $D \geqslant 100$ mm 曲面状态的玻璃,主要用于卧式冷柜、陈列柜、观光电梯、走廊、玻璃顶棚、观赏水族箱等。

2. 按弯曲面的数量分类

(1)单弯玻璃

整片玻璃只有一个弯曲面或一个弯曲面与平面相连,还可分为弧形热弯玻璃、J

形热弯玻璃、V形热弯玻璃。

（2）双弯玻璃

有两个或两个以上曲面状态的热弯玻璃，又可分为双曲面热弯玻璃、双J形热弯玻璃、S形热弯玻璃、双折板热弯玻璃。

以上按弯曲面的数量分类，主要指热弯钢化玻璃，用于汽车前后窗、风挡、侧窗等方面。实际上热弯玻璃的形状、弯曲面数量很多，而且还在不断增加，进一步分类有很大困难。

3. 按深加工类型分类

（1）热弯玻璃

玻璃热弯后不再进行其他深加工。

（2）弯钢化玻璃

在热弯的同时进行钢化，即热弯后不是退火，而是风淬冷钢化。

（3）弯夹层玻璃

用热弯玻璃为原片，制备夹层玻璃。

（4）弯钢化夹层玻璃

以弯钢化玻璃为原片，再制备夹层玻璃。

4. 按用途分类

（1）运输工具用热弯玻璃

与钢化或夹层结合，用于汽车、船舶的风挡。

（2）建筑装饰用热弯玻璃

用于建筑物的门、窗、间壁、屏风、玄关、阳台转折、观光电梯、旋转顶层、屋顶采光、门厅大堂、过街通道等。在建筑物中使用热弯玻璃可以改善建筑物立面直平的呆板感觉，使立面有弧线造型，增加建筑物的生动变化，产生特殊的艺术装饰效果。

（3）家具装饰用热弯玻璃

用于桌、椅、橱、柜、茶几、观赏水族箱等。

（4）卫生洁具用热弯玻璃

用于洗面盆、洗面池面板、浴室镜框、梳妆桌面等。

（5）餐具用热弯玻璃

玻璃盘、玻璃碟、玻璃托盘等。

5. 常见热弯玻璃

热弯玻璃在民用、建筑等方面的使用越来越多。民用热弯玻璃主要用作玻璃家具、玻璃水族馆、玻璃洗手盆、玻璃柜台、玻璃装饰品等。建筑用热弯玻璃主要用作建筑内外装饰、采光顶、观光电梯、拱形走廊等。此外，热弯玻璃在汽车玻璃领域也有很好的应用，各种车辆普遍采用热弯夹层玻璃用作前挡风玻璃，合理的夹层玻璃结构可以使汽车更安全。

（1）常见热弯玻璃结构及尺寸设计示意图如图 3-1-1、图 3-1-2 所示。

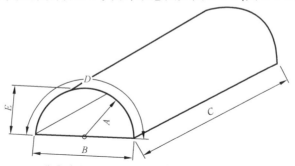

A—曲率半径；B—弦长；C—高度；D—弧长；E—拱

图 3-1-1　弧弯热弯玻璃示意图

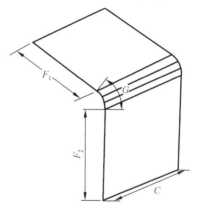

C—宽度；F_1、F_2—长度；G—弯角度

图 3-1-2　折弯热弯玻璃示意图

（2）常见热弯玻璃实物图如图 3-1-3 所示。

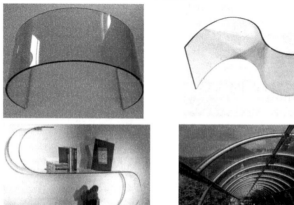

图 3-1-3　常见热弯玻璃实物图（附彩图）

模块 2　热弯玻璃技术原理及影响因素

2.1　玻璃的热弯原理

把切割好尺寸大小的玻璃,放置在根据弯曲弧度设计的模具上,放入加热炉中,加热到软化温度,使玻璃软化,然后退火,即制成热弯玻璃。具体如下:在研究玻璃的热学特性时,通过玻璃的热膨胀系数测定实验,可以得到如图 3-2-1 所示的曲型膨胀曲线。

图 3-2-1 为典型的浮法玻璃曲型膨胀曲线,横坐标为温度 T,纵坐标为膨胀系数 α。在温度 T_1(玻璃应变点或玻璃退火温度下限,$\eta = 10^{13.6}$ Pa·s)以前,玻璃处于弹性膨胀阶段,玻璃在加热或冷却过程中只发生微米级不可恢复的变形,一般仍认为是弹性变形。$T_1 \sim T_g$(热膨胀退火温度、转化温度或脆性温度,$\eta = 10^{12}$ Pa·s)之间,玻璃处在塑弹性阶段;$T_g \sim T_f$(热膨胀软化温度,$\eta = 10^{10}$ Pa·s)之间,玻璃处在塑性变形阶段。尤其是 T_0(热膨胀开始变形温度 $\eta = 10^{10}$ Pa·s)$\sim T_f$ 之间,在这一阶段玻璃的变形是不可恢复的。利用玻璃的这一特点,将平板玻璃切割成要求曲面的平曲型膨胀曲线面展开

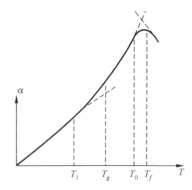

图 3-2-1　典型的浮法玻璃曲型膨胀曲线

形状尺寸,并放在特定形状的模具上,玻璃加热至 $T_0 \sim T_f$ 温度范围,依靠重力或外加力于玻璃板上,使其变形至要求的形状。随后将玻璃按照玻璃退火的工艺曲线降至室温。在热弯过程中,深弯产品有时还需要冲压、风冷钢化、多片叠合(如弯夹层玻璃)等成型方法。

2.2　影响玻璃热弯成型的因素

影响玻璃热弯成型的因素包括五个方面内容,具体如下:

1. 温度制度

玻璃的热弯过程受弹性、黏性、热传导、比热容和密度等多种因素的影响,但在所有的影响因素中,弹性和黏性对热弯过程的影响最为重要。实验证明,平板玻璃的热弯温度小于 560 ℃,决定玻璃的形状精度和光学质量的黏性和弹性常数都是由温度决定的。对于叠片热弯,采用重力作用自然成型法来控制玻璃的形状精度和光

学质量。可见温度制度对叠片热弯是至关重要的。另外,时间对玻璃的徐变也有很大影响,时间过长,徐变过大,影响光学质量;时间过短,徐变过小,无法满足玻璃的形状精度要求。

2. 厚度和弧度

叠片热弯不同厚度和弧度的玻璃不能放在同一炉中热弯,否则会造成有的制品未弯到位,达不到要求的吻合度。另外,如果制品热弯过火,造成玻璃表面麻点缺陷过多,影响产品的光洁度。

叠片热弯是指两片或两片以上叠放的单片平板玻璃,在玻璃的形变温度下,通过重力或外力作用而形成一定形状的过程。由于多层单片玻璃共同弯曲成一定形状,并且弯曲是在形变温度下进行的,叠片热弯过程将对玻璃的形状、形状精度以及光学质量产生重要影响,热弯工艺成为夹层风挡玻璃制造过程中的关键技术之一,没有完好的弯曲,整个制造过程就失去意义。

汽车或飞机风挡玻璃的设计通常采用双曲面。为实现这种形状,风挡玻璃在制造过程中需进行热弯处理,对于两层以上单片玻璃夹层制得的风挡玻璃,为保持各层单片玻璃间的吻合度,叠片热弯成为一种较为理想的技术手段。通过叠片热弯,玻璃的形状、形状精度和光学质量可以得到较好保证。

3. 热弯玻璃模具

热弯玻璃模具在玻璃热弯过程中起着至关重要的作用。在玻璃的叠片热弯过程中,模具的加工质量、加热方式与温度制度以及隔离剂种类与涂制方式将严重影响玻璃的热弯质量。

由于热弯时底层玻璃与模具表面直接接触,并且玻璃最后定形成模具表面形状,模具在加工时一定要满足如下要求:①模具表面的形线和成品玻璃要求的形线相吻合。②模具表面光滑,无凹陷、凸起及麻点等缺陷。③模具上的定位线要清晰,最好附有定位装置。只有满足上述要求,才能热弯出形状、形状精度和光学性能均满足质量要求的夹层风挡玻璃。

热弯玻璃模具大致分为实心模、空心模、条框模三种。实心模一般是用 5 mm 铁板制作的,优点是玻璃不会弯过头,缺点是模具制作困难、成本高、模具吸热多、浪费能源、制品表面易出麻点等,已很少采用。空心模一般采用角钢和扁钢或圆管制成。这种模具制作简单、用材少、吸热少、制品表面不出麻点,但操作要求较高,由于热弯玻璃过程中有热滞后现象,制品很容易弯过头,不适合大玻璃板和弧度较深的玻璃热弯。条框模是介于实心模和空心模之间的一种模具,也是目前热弯玻璃厂采用最多的一种,制作相对较简单,对热弯操作要求也较低。

4. 升温速率

同一条玻璃生产线的玻璃原片厚度不同、尺寸不同,热弯温度也不相同,热弯炉的升温速率是影响热弯温度的重要因素。在电热元件布置合理、功率配备适度、温度分布均匀和玻璃板不炸裂的条件下,升温越快,炉体的蓄热越少,耗能越少,同时也缩短了降温时间,提高了效率。运用流变力学理论对叠片热弯过程进行分析,提出由温度和保温时间控制叠片热弯玻璃流变的理论依据,进而研究设备和温度制度对玻璃流变的影响,实现了玻璃流变的较好控制,保证了热弯玻璃的较高质量。

5. 热弯炉的影响

要求热弯炉的电加热布置要合理,能够实现局部加热,制品的放置方向要和电热丝方向一致。折弯热弯玻璃常见的有水族馆玻璃和柜台玻璃,折弯玻璃最大的技术难点是直线边弯曲、折角处易出现模痕等缺陷。因此要合理地制定温度制度。折弯处要有辅助电加热,才能避免这些缺陷的产生。球形玻璃、转弯的拱形走廊、玻璃洗手盆等,这种玻璃在热弯操作上要求有较高的技术水平,制作精确的模具,有的需要专业的热弯炉才可完成。对一些特异性玻璃的热弯,比如超规格、深弧玻璃的热弯,成品率较低。从力学角度分析,玻璃在热弯过程中,力由两侧向中间集中,当力的大小超过玻璃的许用应力时,玻璃板炸裂,因此在玻璃热弯时,可加一辅助的外力支撑,就可以很好地解决这个问题。

2.3 叠片热弯玻璃生产模具

模具的设计方法与加工质量对热弯玻璃的质量起着至关重要的作用。叠片热弯玻璃的模具有多种样式,不同的弧度形式,所选用的模具也不相同,应根据具体玻璃的弯曲成弧情况选择不同的模具。

(1) 对于弯曲弧度较小的玻璃可制作不可调节的空心条框固定模具,采用不锈钢扁铁根据玻璃的形状和弯曲弧度进行制作,此种模具制作简单,在烧制过程中玻璃的中间空心部位采用弹簧或铝杆进行支撑,这种模具的缺点在于只适合于弯曲弧度较小的玻璃,且玻璃的弯曲弧度不能依靠模具进行微调。为能在烧制过程中对玻璃的弯曲弧度进行微调,条框可以采用可调节的螺栓进行支撑,如图 3-2-2 所示。在实际生产过程中,根据出炉后玻璃弧度的误差,还可对支撑的螺栓、螺母进行弧度的微调。

(2) 对于单侧弯曲不允许产生球面的热弯玻璃,如果采用窄心模进行生产,在玻璃达到塑性温度后不可避免会造成玻璃中部产生一定的球面,为了避免此类缺陷的产生,对于此类玻璃生产可以选择格栅模具,如图 3-2-3 所示。格栅模具是介于实心模和空心模之间的一种模具;它的制作相对于实心模来说较为简单,对热弯操作要求也较低,模具由方钢制成,此模具的特点是在保证玻璃的弯曲度的同时,玻璃不产生球面,对操作人员的要求也不高,缺点是模具的制作成本相对较高,周期长,在热弯烧制过程中,模具吸热过多,玻璃升温慢,在烧制过程中容易造成玻璃表面出现麻点等光学缺陷。

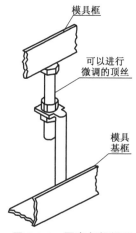

图 3-2-2　固定条框模具

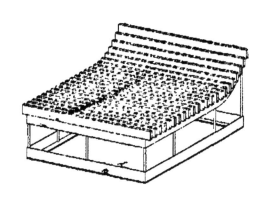

图 3-2-3　格栅模具

（3）对于玻璃两侧弧度较大的玻璃，如图 3-2-4 所示，这时可以采用两侧玻璃弧度较大处开口的空心条框模具，在固定空心条框模具的基础之上，在两侧弯弧区域开口，开口后两侧可以旋转活动，玻璃进炉前两侧开口处张开平放到模具上，玻璃中部采用铝杆或弹簧进行支撑。

图 3-2-4　两侧弧度较大的玻璃

模具开口样式如图 3-2-5 所示。模具采用分体式结构，在模具框开口的一端焊装挂钩，另一端焊装与其相匹配的挂爪，使用时将装挂爪一端的模具框放在挂钩上，焊装挂爪的一端模具框可以在挂钩上进行旋转活动，这样进炉前在模具上放置玻璃时，可以将模具张开放平。其中，挂钩的厚度要与模具框的厚度相一致，挂钩的高度也要参照模具框所使用扁铁的宽度，钩槽的深度不宜过深，过深的沟槽不利于挂爪的旋转张开，钩槽深度 1.5 mm 左右，挂钩上端面的宽度也不宜过宽，不宜超过 15 mm；钩爪上端面的宽度参考模具框扁铁的厚度，挂爪的凹槽放至挂沟凹槽上后，要保证挂爪上端面与挂沟上端面的高度一致，如图 3-2-6 所示。

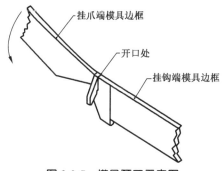

图 3-2-5　模具开口示意图

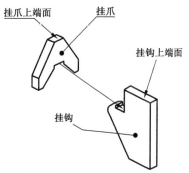

图 3-2-6　模具开口处的挂钩与挂爪

（4）对于玻璃中间部位弧度较大的玻璃,这时可以采取中间开口的空心条框模具,在模具上放置玻璃时,模具可以拉伸摊平,在加热时,玻璃发生形变,在自身重力的作用下迫使摊平的模具恢复原状,从而使玻璃随模具达到所要求的弧度。

（5）常用玻璃模具实物图如图 3-2-7、图 3-2-8 所示。

图 3-2-7　实心模具（附彩图）

图 3-2-8　空心模具（附彩图）

模块 3　热弯玻璃生产工艺

热弯玻璃的生产是将玻璃和模具一起送入热弯炉中,弯制成型后经退火冷却而成。

3.1　热弯玻璃生产工艺流程

热弯玻璃加工生产前,首先根据热弯玻璃制品形状大小,精确计算出热弯所需玻璃原片的形状和尺寸。目前已有计算软件,可按热弯玻璃弦长、弧度、角度、半径等参数,用换算软件和优化切割排版软件制成模板,按模板进行人工切割或机械切割。

切割后的玻璃需磨边,先用金刚砂磨轮对切割后的玻璃锐边进行研磨,再用树脂轮细磨（糟磨）,氧化锌毡轮进行抛光,根据需要可磨成弧形边、带倒角平边、卵形边、带棱平边等。对异形玻璃采用异形磨边机、靠模磨边机（按加工玻璃的形状和尺寸做成模板,磨边机照此模板对玻璃毛坯边缘研磨、抛光）、仿形磨边机（采用杠杆式仿形杆,用变频无级调速粗磨、精磨或抛光磨轮,对玻璃毛坯周边进行研磨、抛光）。

磨边后的玻璃要进行清洗,大量生产采用洗涤干燥机。清洗也是非常重要的一道工序,容易被忽视,如果清洗不好,玻璃表面的油迹、污秽在热弯后停留在玻璃表面,可能造成废品。

洗涤干燥后的平板玻璃进入热弯炉进行热弯处理,检验合格后成为热弯玻璃成品。

热弯玻璃的制备工艺流程如图 3-3-1 所示。

$$玻璃原片 \rightarrow 切割 \rightarrow 磨边 \rightarrow 清洗 \rightarrow 干燥 \rightarrow 加热 \rightarrow \genfrac{}{}{0pt}{}{自重成型}{模压成型} \rightarrow \genfrac{}{}{0pt}{}{退火钢}{化成型} \rightarrow 检验$$

图 3-3-1　热弯玻璃生产工艺流程图

3.2　热弯玻璃成型工艺分类

热弯玻璃生产工艺基本上可分为重力法和模压法,具体又可分为自重弯曲成型、模型弯曲成型、压模成型几种类型。

1. 重力沉降法

重力沉降法是将玻璃加热到软化温度后,在自身重力的作用下弯曲成型的方法,如图 3-3-2 所示。重力沉降法又可分为模框自重软化弯曲法和悬挂自重软化弯曲法两种。

(1)模框自重软化弯曲

先将欲弯曲的玻璃外形做成边框,再把平板玻璃放在模框边缘上,加热到玻璃软化温度以上,玻璃即因自重而弯曲。

(2)悬挂自重软化弯曲

平板玻璃两边钻孔,用金属丝悬挂或用特殊夹具悬挂,加热到玻璃的软化温度以上,因自重而弯曲。

重力沉降法为较传统的热弯生产工艺,是将玻璃放在与其制品曲率一致的敞开式模具上入炉,加热至玻璃软化温度后,在自身重力弯曲作用下形成与模具相同曲率的制品,很适用于弯制不同曲率的浅弯制品,但误差较大。

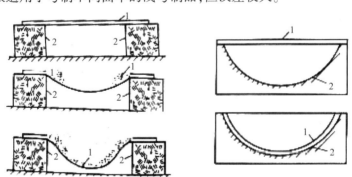

1—玻璃;2—模具

图 3-3-2　重力沉降法成型工艺

2. 模压式压弯法

模压式压弯法是按曲面玻璃所需形状做成钢制阳模(凸形)和阴模(凹形),其外表面用玻璃布包裹。用此阴阳模(压模)对热塑玻璃进行热压,玻璃按模子形状压紧而定型,如图 3-3-3 所示。根据模具又可分为以下几种:

（1）阳模软化弯曲

将平板玻璃平放在阳模上，加热到软化温度以上，玻璃就会顺着阳模形状弯曲。

（2）阴模软化弯曲

将平板玻璃平放在阴模上，加热到玻璃软化温度以上，玻璃就弯曲成阴模形状。

（3）阴模塌陷弯曲

将平板玻璃平放在阴模上面，加热到玻璃软化温度以上，玻璃塌陷到阴模而成型。对于此种热弯成型方法，玻璃加热要超过软化温度，也可以归纳在热熔玻璃范围内。一般软化弯曲只能形成浅浮雕，而塌陷玻璃塌陷在模型内，能够形成比较深的花纹图案，因此塌陷弯曲玻璃表面浮雕的立体感更强。玻璃完全塌陷于模型壁时形成密闭的空间层，使空气挤压进入模子本身而造成断裂。为此，应在模型底部最薄处钻几个小孔，以便空气的排出。

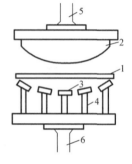

1—玻璃；2—阳模；
3—辊子(相当于阴模)；
4—辊子支撑结构；
5—阳模固定装置；
6—阴模加压设备

图 3-3-3　模压成型工艺

（4）压模弯曲法

将平板玻璃平放在阴模上面，加热到软化，并利用相应阳模精确地弯曲成所需形状，曲率精度较高。

模压法是采用电加热元件加热至低于玻璃软化变形温度后，开启加热棒对弯曲部位集中加热，并配合压辊和托辊操作将玻璃弯制成型，适用于多种形式的弯曲及特定复杂形状制品的弯曲，可生产出高品质、高精度的弧弯玻璃制品。

模压式压弯法的不足之处是，压模不能制成玻璃所要求的最终形状，玻璃最后总是比模子要平直一些。解决办法：一是经过多次试验后，制出确切的模子，使压弯的玻璃在允许的误差范围内；二是用螺丝扣调节阳模和阴模的周边，这样可以迅速调节，以适合厚度不同的玻璃和不同工作条件；三是对汽车玻璃这样要求越来越精致的玻璃，要用一种铰链式阴模，将玻璃绕着阳模周围包起来。模的中心部分往往是一种固定件，两头有铰链及叶片，在中心部分加压成型后，两个叶片就慢慢围绕阳模把玻璃弯曲并包起来。

3. 挠性弯曲法

挠性弯曲法是用挠性辊，根据弯曲玻璃所要求的曲面，弯成所需形状的方法。在这种热弯设备中，轴心圆钢的外面套上不锈钢做成的软管。在软管内每隔一定距离安装一个石墨轮，以支撑外面的软管。软管的旋转形成挠性辊，使玻璃弯曲。

准备好玻璃原片，经检验无明显表面缺陷后，按制品形状及考虑热弯炉内腔净尺寸、模具状况合理优化裁切原片，经磨边、洗涤、干燥后作为上炉玻璃原片。对多层弯曲的，在玻璃内下表面洒以均匀适量的滑石粉，将玻璃水平放在模具上，校对中心对齐后,一起送入热弯炉中进行热弯处理。将玻璃弯制成型后,逐渐降温冷却,得到弯制好的成品,再根据客户要求经模板检验、裁切、磨边、钻孔后洗干净,按技术标准严格检验后直接包装入库,还可进行喷砂、中空等其他冷处理或夹层、镀膜等热处理,产品终检后包装入库出厂。

3.3　热弯玻璃成型实践

热弯玻璃的生产是将玻璃和模具一起送入热弯炉中,弯制成型后经退火冷却而成。生产热弯玻璃时,应严格按照所生产的产品进行控制升温、恒温以及降温,一般温度控制曲线:0 ℃升到 300 ℃约用 30 min;300 ℃升到 500 ℃约用 25 min;520 ℃升到 580 ℃约用 20 min;保温时间为 10~20 min;降温时由 580 ℃降到 520 ℃约为 40 min;520 ℃降到 300 ℃约用 30 min;300 ℃降到常温约 5 mim。严格控制好炉温才不会导致炸炉,或由于温度过高产生麻点或者弧度变形等缺陷。

1. 初始温度控制

玻璃是脆性材料,在加热时受热应力的影响往往会发生破裂。玻璃是热的不良导体,传热速度比较慢,在刚开始加热过程中,因温度低、热辐射小,玻璃表面首先受热,然后热量以传导的方式向下传递。如此就在玻璃的厚度方向存在着较大的温差,再加上刚开始炉中的模具温度低,玻璃往往受热不均,使玻璃的热膨胀不一致而产生应力。当热应力超过玻璃的强度时,玻璃就会炸裂。温差的大小与刚开始加热速度密切相关,在一定范围内,加热速度越大,温差就越大。因此,刚开始加热时速度应控制在玻璃不炸裂的极限速度以内,一般升温速率应设定在 180~280℃/h。

2. 热弯温度控制

玻璃热弯处理的温度大约在玻璃软化转换点之间(即 60~620 ℃),热弯炉温度在 650~750 ℃,炉温和玻璃温度相差 90~130 ℃。在玻璃软化点以上,具体根据玻璃成分、厚度和弯曲程度而调整。钠钙玻璃比铅玻璃的热弯温度要高,塌陷成型比自重软化弯曲时加热温度要高。保温时间一般为 10~30 min,视玻璃厚度和塌陷成型的复杂程度而上下调整,如玻璃较厚或塌陷造型复杂,则保温时间长一些。

当达到软化点后,玻璃开始下弯,其形状接近于模具的形状。如果此时温度过高或时间过长,玻璃的温度会继续升高而进一步软化,对于实心模具可产生热弯麻点,对于空心模具可使玻璃出现鼓面,从而影响玻璃质量。如果加热温度不够,可能使玻璃贴近模具的程度不到位,出现玻璃形状不符合模具的缺陷。

另外,热弯时,由于中间下弯得快,往往出现中间热弯过火而两边不到位的情况,因此,必须严格控制加热。

加热控制的原则是:哪里玻璃刚贴上模具,就关闭与该位置相对应的加热器。例如由于中间玻璃下弯得快,刚贴模具点从中间向两边进行,就要从中间向两边依次关闭与刚贴模具点位置相对应的加热器,直到玻璃全部贴模,加热器也全部关闭。

3.4 热弯退火

玻璃在热弯过程中被加热,在加热过程中由于温差的存在,就会产生热弹性应力,热弹性应力被松弛,在冷却后就可能在玻璃中存在永久应力。永久应力的存在,减小了玻璃强度,因此,必须进行退火,以消除玻璃内应力。

退火时的温度控制至关重要,退火温度过高,可能使玻璃平面变弯或出现麻点;退火温度过低,不能有效消除玻璃内部残余的应力而影响玻璃强度。最应注意的是:退火时,一定要注意降温速度要均匀、缓慢,才能达到消除内应力的目的。

3.5 后加工

玻璃经退火后得到弯制好的成品,按要求经模板检验、磨边、钻孔后清洗干净,按技术标准严格检验后包装入库,还可进行喷砂、中空等其他冷处理或夹层、镀膜等热处理,产品终检后包装入库出厂。

3.6 以双曲面夹层风挡玻璃为例,热弯工艺的确定

由于双曲面夹层风挡玻璃的形状较为复杂,如何保证形状精度和很好的光学质量是制定双曲面风挡玻璃叠片热弯工艺的技术关键。

1. 形状与形状精度的控制

在热弯过程中,玻璃所需的形状可以用下列方法进行控制:①集中于侧面进行加热,接着进行自由弯曲并在模型中靠重力自然成型。②均匀加热,然后在模型中压制成型。③均匀加热,通过重力与压制结合成型。

对于叠片热弯,采用压制法或压制和重力结合的方法将破坏各层玻璃的表面,严重影响玻璃的光学性能,因此采用重力作用自然成型法。

玻璃的热弯属热成型工艺范畴,成型过程受黏度、热传导、表面张力、比热容、密度和热膨胀等多种因素的影响,但黏度对热弯过程的影响最为重要。

双曲面夹层风挡玻璃采用的玻璃原片为钠钙硅酸盐玻璃,图 3-3-4 为该种玻璃的黏度-温度曲线。钠钙硅酸盐玻璃的热弯温度位于图中阴影所示的温度范围,即玻璃的转变区,黏度 η 是时间 t 和温度 T 的函数,因此,必须制定合理的温度制度来保证热弯玻璃的形状和形状精度。在采用重力作用自然成型法热弯时,温度制度更为重要。

2. 光学质量的控制

玻璃叠片热弯时,各层玻璃之间及底层玻璃与模具之间要进行面接触,图 3-3-5 为三层钠钙硅酸盐玻璃(外层 5 mm,中间层 10 mm,内层 5 mm)叠片放置示意图。

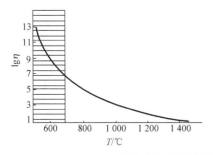

图 3-3-4　Na$_2$O-CaO-SiO$_2$ 玻璃热弯黏度-温度范围图

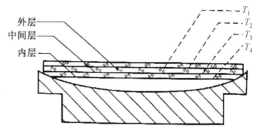

图 3-3-5　三层玻璃叠片放置示意图

　　由于热弯是在玻璃的形变温度下进行,玻璃已处于塑性状态,玻璃间接触面以及玻璃与模具极易产生压痕、麻点等缺陷,严重影响叠片热弯玻璃的光学质量,为此,在双曲面夹层风挡玻璃热弯时,采用如下措施控制玻璃的光学性能:①接近形变温度时,关闭热弯炉下面一组发热元件,使玻璃上表面单侧受热,通过玻璃内的温度梯度减少玻璃重量对表面质量的破坏和影响。②玻璃与玻璃间的接触面、玻璃与模具间的接触面,利用隔离剂喷涂隔离层,防止形变温度下接触面的黏结。

　　热弯夹层玻璃作为安全玻璃的一种重要的形式,应用领域非常广泛。该玻璃由两层或多层的热弯玻璃经 PVB 胶片黏结而成,具有很高的强度和韧性,抗碰撞能力强,安全可靠,透明度高,一旦破碎,夹层玻璃承受高速冲击的强度高于钢化玻璃,玻璃破碎后无碎片飞溅,玻璃的碎片仍能黏结在 PVB 片上。因此热弯夹层玻璃几乎应用于所有汽车玻璃的前风挡领域,同时也广泛地用于建筑门窗幕墙、博物馆、陈列厅等相关领域。热弯夹层玻璃的生产主要经过玻璃的热弯、合片、真空预热预压、高温高压等工艺过程。

　　玻璃热弯的工艺制度在很大程度上还是取决于操作经验,同一条玻璃生产线的玻璃原片,厚度不同、尺寸不同热弯温度也不相同;热弯炉的升温速率也是影响热弯温度的因素,操作人员的实际经验和责任心等对热弯玻璃的质量至关重要。很多企业只追求成品不追求质量等造成产品质量低下。因此,要保证能生产出质量良好的热弯玻璃,操作人员要有丰富的操作经验和较强的责任心。另一方面绝大部分企业都很重视玻璃的热弯质量,热弯玻璃制品大多能达到标准要求。但也有个别企业为了追求利润或追赶时间,将不同厚度、不同深度的玻璃放在同一炉中热弯,造成有的玻璃制品未弯到位,达不到要求的吻合度;而有的玻璃制品弯过火,造成玻璃表面麻点缺陷过多,影响产品的光洁度。总的说来,我国的热弯玻璃技术水平还比较落后,对一些特异性玻璃的热弯,往往达不到用户要求,比如超大规格、深弧玻璃的热弯,成品率较低。从力学角度分析,玻璃在热弯过程中,力由两侧向中间集中,当力的大小超过玻璃的许用应力时,玻璃板会炸裂。因此在玻璃热弯时,加一定辅助外力支撑,可以很好地解决这个问题。

3.7 热弯玻璃加热退火及温度控制

热弯玻璃加热退火温度控制采用温控表自动或手动控制。温控表自动控制系统如图 3-3-6 所示,热弯玻璃实物图如图 3-3-7 所示。

图 3-3-6　热弯炉温控系统

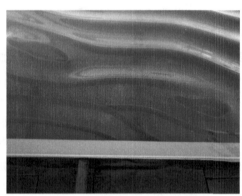

图 3-3-7　热弯玻璃实物图(附彩图)

模块 4　热弯玻璃生产设备

热弯炉是热弯的重要设备,热弯炉要求电加热元件布置合理,能够实现局部加热,玻璃的放置方向要与电热丝方向一致。水族馆展览室和柜台玻璃常采用折弯热弯玻璃,折弯玻璃在热弯时的技术难点是直线边弯曲,折角处易出现横痕等缺陷。为避免此类缺陷的发生,除了合理制定温度制度外,在折弯处还要有电辅助加热。球形玻璃、转弯的拱形走廊、玻璃洗手盆由于热弯时工艺复杂,常常设计专业热弯炉进行热弯。

4.1　常见热弯炉的种类

4.1.1　根据燃料方式划分

热弯炉从燃料方式上可分为燃煤式、燃油式、燃气式、电加热式四种。燃煤式玻璃热弯炉由于温度难以控制、结构复杂、玻璃制品表面易污染等缺点现在已很少见。燃油式、燃气式热弯炉也已经很少采用,若以电加热辅助,从能耗指标上低于电加热式,但存在结构复杂、温度控制调节不方便等缺点。电加热式玻璃热弯炉具有结构简单、控温方便、易操作、不污染玻璃制品等优点,目前被广泛采用。

4.1.2　根据结构划分

玻璃热弯炉从结构划分,可分为单室炉、循环式和往复式 3 种。其中往复式热弯炉和循环式热弯炉均属于连续性生产,生产周期为几十分钟,生产效率比单室式热弯炉高。

1. 单室炉

单室炉是最常见的热弯炉,其类型主要是抽屉式,如图 3-4-1 所示。

由于建筑玻璃批量小、规格多,因此使用单室炉是最经济、方便的。单室炉只有一个工位,玻璃从升温、热弯到退火均在这一工位完成。单室炉优点是适应各种不同规格制品,不要求有连续的工艺制度,每一炉根据制品不同,制定相应的工艺参数。单室炉制作简单,结构易处理,密封好,相对能耗低。缺点是效率低,热弯周期长。抽屉式单室炉,其结构就如同一个抽屉,窑车是一个只有前脸的平板车,这为玻璃的装卸提供了很大方便,目前单室炉可弯玻璃最大的尺寸达到了 12 m×3 m。升降式单室炉,其结构为四周和上部全密封,炉底有一定的高度,玻璃从炉的底部进入,底部可以升降,热弯模具靠外接轨道进入热弯平台并上升至热弯位,热弯好的玻璃制品反工序退出。

图 3-4-1　抽屉式单室热弯炉

2. 循环式热弯炉

在电热循环式玻璃热弯炉内分为上、下循坏。以七室热弯炉为例(见图 3-4-2)。炉上部分有七个室,1、2、3 室为初级预热室(预热 1 区),利用下部分成品玻璃冷却的余热对玻璃进行预热。经过这三个室,玻璃温度可达到 100 ℃左右。4、5、6 室是快速预热室(预热 2 区),经过这三个室预热后,玻璃温度可达 400 ℃左右。第 7 室为成型室(热弯区),玻璃在该室升温至 600 ℃左右成型。热弯成型后的玻璃在第 7 室下降到热弯炉下部。热弯炉下部为降温退火区,成型后的玻璃在这里退火和冷却,70 ℃左右玻璃退火完毕即可卸片。玻璃从装卸片台装入,上升到热弯炉上层,随着玻璃在第 1 室入炉,成品逐步被传送到热弯炉左端出炉,如此循环,实现连续生产。

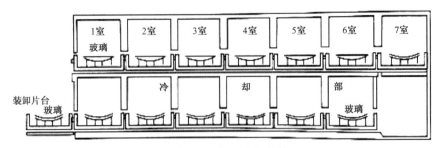

图 3-4-2　七室循环热弯炉

3. 往复式热弯炉

往复式热弯炉(见图 3-4-3)有 5 工位和 3 工位两种。5 工位炉有 2 个装卸料区、2 个预热区、1 个热弯区、2 个窑车。玻璃在预热区加热到 400 ℃ 左右进入热弯区,热弯后再退回预热区降温,另一个窑车再进入热弯区,如此往复。3 工位炉只有 2 个卸料区和一个热弯区,也是 2 个窑车,玻璃在热弯区从室温按温度制度直接升到热弯温度,热弯好后降温到 250~300 ℃ 时再回到装卸料区。往复式热弯炉可以适应不同的玻璃制品,不要求有连续的温度制度,但密封程度不如单室炉,结构也较单室炉复杂。

图 3-4-3　往复式热弯炉

4.1.3　按照运动方式划分

根据制品生产过程中运动方式的不同,又可分为间歇式和连续式两种类型。连续式一般采用隧道窑的形式(见图 3-4-4)。

图 3-4-4　连续式隧道窑热弯炉

在生产过程中,玻璃放置在带有行走机构的模具上,依次经过预热区段、成型区段、退火区段、冷却区段、取片区段。每一区段依据玻璃热性能不同,设置不同的温度制度和保温时间。温度制度和保温时间可以通过实验或相近玻璃的热弯经验来确定。对于常用的浮法玻璃的热弯,一般采用如表 3-4-1 所示的工艺制度进行生产。

表 3-4-1　浮法玻璃热弯工艺制度

区段	放片	预热	成型	退火	冷却区	取片
温度/℃	<50	<600	700~750	540~570	<500	<70

4.2　热弯炉操作

1. 单室热弯炉操作

用单室热弯炉热弯玻璃时,应按以下程序进行操作:

(1) 首先检查设备是否一切正常,炉内和附近无易燃品。

(2) 检查模具合格后,放入模具。如是空心模,要在四周框上涂上石膏粉或粉笔末。如是实心模或半实心模,放好后清扫表面,必要时表面要加垫一层石棉纸。

(3) 将玻璃放在模具上。放片前,应检查玻璃是否合格;放片时,注意玻璃周边与模具周框外形距离应均等。对于大小不等的玻璃,应大片在下、小片在上,大、小片玻璃周边台阶应均等;对于厚薄不同的玻璃,应厚的在下、薄的在上。

(4) 关闭炉子,按工艺要求进行低温升温。升到规定温度时,升温停顿,按规定进行保温。升温过程一定要均匀,速度不能太快。

(5) 保温完成后,开始升高温。当玻璃达到软化温度后,在热弯窗口进行观察,玻璃弯曲到位后,要及时关闭加热器或使玻璃离开。

(6) 如是无退火降温室的热弯炉,在关闭加热器后,按工艺要求在炉中缓慢冷却;有退火降温室的热弯炉,玻璃在退火室,按工艺要求缓慢冷却。

(7) 玻璃冷却到规定温度后,取出弯好的玻璃。

依次按上述过程放下一片玻璃进行热弯(有退火降温室的热弯炉可在退火时装片)。也可用另一模具,按上述过程进行另一种热弯玻璃的热弯。

2. 连续热弯炉操作

用连续热弯炉热弯玻璃时,应按以下程序进行操作:

(1) 首先检查设备是否一切正常,炉内和附近无易燃品。

(2) 检查气压是否合格(有高温计热弯炉要先给高温计通冷却水,并检查排水正常)。

(3) 按工艺要求升低温,并保持到规定时间;然后按工艺要求升高温。升温过程要保持均匀;升低温时,速度不能太快。

(4) 放入热弯模具(也可在启动设备后依次放入),空心模要在四周框上涂上石膏粉或粉笔末,如是实心模要清扫表面,必要时表面要加垫一层石棉纸。

(5) 启动热弯炉(有风机的要同时启动风机),一般要先走空车,预热小车和模具。

(6) 在装片端,玻璃检查合格后放在模具上。放片时,注意玻璃周边与模具周框外形距离应均等。对于大小不等的玻璃,应大片在下、小片在上,大、小片玻璃周边台阶应均等;对于厚薄不同的玻璃,应厚的在下、薄的在上。

(7) 每装完一车片,按要求使玻璃进入预热室逐一预热。

(8) 玻璃预热到规定温度后,进入热弯室。当玻璃弯到位后,要及时关闭加热器或使玻璃离开。

(9) 玻璃进入退火室逐级均匀降温。

(10) 玻璃冷却到规定温度后,进入取片台,取出弯好的玻璃。

(11) 再按上述过程进行装片、热弯、退火。

3. 连续热弯炉加工时玻璃排列顺序

当用连续热弯炉同炉热弯多品种玻璃时,入炉顺序要以玻璃大小、面积、弯深形状和厚度等为依据进行排列,也就是以相邻位置玻璃热弯时间尽量相近为原则来排列玻璃入炉顺序。具体讲,就是按玻璃热弯加热时间长短,先从时间最短品种开始入片,逐步放入热弯时间稍长点的玻璃,依次递增。到总车数的一半时,再按顺序装入热弯时间依次递减的品种,并使最后装片玻璃的热弯时间与最先装片玻璃的热弯时间相近。也可反过来,先入热弯加热时间长的玻璃,再按时间依次递减顺序入片,到总车数的一半时,再依次递增。之所以这样排列,是因为连续热弯炉是连续生产的,有多级预热室。在连续生产时,前面玻璃的热弯时间,就是后面品种玻璃在某级预热室的预热时间。如果不按上述顺序排列,当大玻璃热弯时,就会使后面相邻的玻璃预热过火;反之,当小玻璃热弯时,由于时间短,会造成后面相邻大玻璃预热不足,从而影响玻璃质量,甚至造成玻璃报废或破裂。而按上述方法进行排列,相邻玻璃热弯加热时间相近,可以看作近似相等,按入炉顺序加热时间是逐步变化的,不同品种玻璃不会因热弯时间不同而相互干扰,就可以保证热弯质量和成品率。

总之,热弯操作过程可以简单概括为搭配好大小片,并将大小片间均匀洒上隔离剂的玻璃放在凹模上面,然后对其进行加热,使玻璃达到软化点温度在自身重力或外部压力的作用下达到与凹模曲率一致后,停止加热,缓慢进行退火直至达到室温,完成热弯过程。热弯夹层玻璃工艺主要包括以下几个方面:玻璃预热时应采用连续加热或缓慢加热的方式,使炉内温度各处一致;要求两片重叠的玻璃弯曲的曲率半径相一致,避免产生光学畸变;玻璃必须达到热弯成型时所需的温度;模具放置在承载小车上时必须保证模具水平放置;炉内温度达到玻璃成型所需温度 640~710 ℃时,玻璃将在自身重力的作用下开始变形。为了防止玻璃在接近软化温度时突然沉降和玻璃表面产生热弯波纹,操作人员必须通过时刻观察炉内玻璃的成型情况来控制加热灯管的开关数量、区域和时间;玻璃的退火应采用缓慢冷却的方式,炉温必须降到 100 ℃以下再取出玻璃,玻璃在热弯成型时原有应力已消除,为防止在降温过程中由于温度梯度而产生新的应力,应严格控制在退火温度范围的冷却速率,特别是在温度较高阶段,玻璃应慢冷至玻璃结构完全固定,以防止永久应力的产生,退火曲线应该均匀变化,且出炉落架的玻璃不能放在风口直吹。

模块 5　热弯玻璃生产常见问题分析

热弯玻璃经热弯、退火、冷却过程完成产品的生产,在生产过程中常见的问题有模具车"卡车"、形状不合要求、热弯后玻璃吻合度超标、中间过火、玻璃炸裂、玻璃油墨颜色变化等现象。

5.1　热弯过程中常见问题

1. 热弯炉生产中出现"卡车"现象

(1)循环式热弯炉生产过程中,主要是由于该炉玻璃运行是靠模具车的槽和底面在轮轨上运行来实现的,而升降是靠升降机来完成的。当炉内发生温度不均匀时,由于热胀冷缩不一致,就会因为零件移位或变形产生挤卡现象,造成模具车不走或升降机卡住,发生卡车现象。更有甚者,由于挤卡会使轮轨错位,造成轮子不在同一直线上,会频频造成"卡车"事故,引起不良后果。另外,在搬动小车时用力不当也会造成轮子移位,从而产生"卡车"。

(2)预防循环式热弯炉生产过程中出现"卡车"现象的办法是:在升温时温度要均匀,要按规定升温时间升温。更重要的是在升温完成后、放入玻璃之前,先要使热弯室小车下降并保持 2~3 min,热弯室升至 590~600 ℃,才进行下一个小车动作,让下个小车进入热弯室空车加热。并按此法连续走半数以上空模具车,让小车把热量带到炉子各处,并使热弯室下部加热均匀,此时放入玻璃热弯就可以避免出现"卡车"。另外,在搬运或推动小车时要注意,不可使轮轨错位,不可使轮子出槽,以防"卡车"。

2. 玻璃热弯后形状不合要求

热弯处理后,玻璃形状不合要求的原因和处理如下:

(1)模具形状不合格。应更换或校正模具。

(2)空心模具热弯过火,是因为热弯时间太长。应适当缩短热弯加热时间。

(3)热弯不到位,是因为热弯时间不够。应适当延长热弯加热时间。

(4)放片时,玻璃与模具放位不正。应保证正确放片。

（5）传动运行振动大，玻璃在传动中与模具错位。应校正传动轮直线或找正传动水平面。

（6）成对放玻璃时，上下玻璃错位或错把薄的一片放在下边。应注意正确放片顺序。

3. 两片玻璃同时热弯后吻合性不一致

同一模具上两片玻璃同时热弯后，吻合性不一致的原因和预防办法如下：

（1）上、下两片玻璃位置放错，例如两片玻璃厚度不同，错误地把厚片放在上面，造成上片下弯慢而上片下弯快。防止的办法是装片时一定要按要求放片，即薄片在上、厚片在下。

（2）装片时，上、下两片玻璃相互错位太大，弯好后再对齐就不一致了。故装片时上、下片玻璃放片时前后要对齐，两边台阶要均等。

（3）玻璃热弯时弯得不到位，造成局部没有模具托玻璃，在温度变化影响下发生不一致变形。故热弯时要精确控制热弯程度，应使玻璃全部贴模。

（4）玻璃装片时与模具发生偏移，玻璃周边与模具框距离不一样，热弯时造成下边玻璃某边局部掉下，另外弯得过火时，也有这种现象发生。防止办法是装片一定要对正模具，并在热弯时不要弯得过火。

4. 热弯过程出现中间过火

玻璃在热弯过程中，出现中间过火是因为加热过火、热弯时间太长造成的。特别是空心模具热弯时，当玻璃已全贴合空心模具时，如仍继续加热，会使玻璃进一步软化下垂，向下弯得过火（产生"大肚子"），严重时还会造成玻璃从模具上脱落，其解决办法如下：

（1）缩短热弯加热时间；防止温度过高；玻璃贴模完成，立即关闭加热器。

（2）如还不能纠正，则改变加热器布局，减少中间加热器通电加热时间，直到合适为止。

5. 热弯时造成玻璃炸裂

热弯玻璃两表面应力状况不同，凸表面常处于张应力状态，凹表面常处于压应力状态，有些异形热弯玻璃应力更为复杂。虽然经过退火，能消除一部分残余应力，但在连续热弯炉中常用三段式分级退火，即有3个退火炉，温度逐级递减，玻璃在各个退火炉分别保温一段时间，最后完成退火。如各退火炉之间衔接不好，退火制度不合理，很容易造成退火不良，使玻璃的某一部分残余应力超过玻璃强度，而产生炸裂。

玻璃在热弯时，造成炸裂的主要原因及处理方法如下：

（1）模具不合格或模具放位不正。应检查模具，不合格的送去维修或更换新模具；模具在炉中或车上要放牢放平，位置应与加热中心相适应。

（2）玻璃原片有裂口、碰伤等缺陷。在入片前进行检查，有缺陷的玻璃不能进入热弯炉,放片时应注意防止碰出裂口。

（3）玻璃升温速度不均匀。应按规定温度操作,如果操作正常,玻璃在热弯前仍出现炸裂,可调节玻璃升温速度或设定合理的各预热室温度。

（4）热弯成型温度不够或成型速度控制不得当。可适当调节成型温度或降低成型速度。

（5）玻璃降温不均匀、冷却太快。如果是热弯时没炸,出炉已炸或刚出炉就炸,这是因为降温太快,使温度不均匀,或者是玻璃出炉温度过高造成的,应调节降温工艺,使降温均匀,并适当降低出炉温度。如果是出炉后放一段时间才炸,是因为放置不合理造成的,刚出炉玻璃应避免放在冷风口,热玻璃不要与凉玻璃放置在一起。

6. 热弯后玻璃油墨颜色变化

经过丝网印刷的热弯玻璃,在高温烧制后会出现丝印区域油墨颜色有深浅色差或油墨颜色整体发红,主要在以下几个方面进行控制解决：

（1）为了避免出现深浅色差,要选择烧结温度合适、专用的油墨。

（2）丝印时将油墨印刷到玻璃的粘锡面,会造成热弯后油墨颜色整体发红,为避免此缺陷产生,丝印时要避免将油墨印刷到玻璃的粘锡面。

5.2　热弯玻璃生产实践操作特别注意事项

（1）玻璃预热时,应采用连续加热或缓慢加热的方式,使炉内温度各处一致。

（2）曲面玻璃特别是叠片玻璃弯曲的曲率半径应保持一致,否则会使夹层玻璃产生光学畸变。曲面玻璃如图 3-5-1、图 3-5-2 所示。

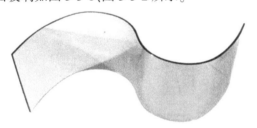

图 3-5-1　曲面家用热弯玻璃（附彩图）

（3）玻璃必须达到热弯成型时所需的温度。

（4）模具放置在承载小车上时,必须保证模具放置的水平。

（5）炉内温度达到玻璃成型所需的温度 640～710 ℃时,玻璃将在自身重力的作用之下开始变形,为了防止玻璃在接近软化温度时突然沉降,避免玻璃表面产生热弯波纹,操作人员必须时刻观察炉内玻璃的成型情况,控制加热灯管的开关数量、区域和时间。

（6）玻璃退火应采用缓慢冷却的方式,炉温必须降到 100 ℃以下时再取出玻璃,玻璃在热弯成型时,原有应力已消除,为防止在降温过程中由于温度梯度而产生新的应力,应严格控制在退火温度范围的冷却速率,特别是在温度较高阶段,退火曲线应该均匀变化,且出炉落架的玻璃不能放在车间风口或风扇直吹处。

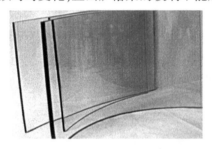

图 3-5-2　曲面建筑用热弯玻璃(附彩图)

模块 6　热弯玻璃质量要求与检测

6.1　材料要求

1. 玻璃原片

热弯玻璃的原片不应使用非浮法玻璃(压花玻璃除外)。原片玻璃应符合下述技术要求:浮法玻璃应符合 GB 11614 的要求,着色玻璃应符合 GB/T 18701 的要求,镀膜玻璃应符合 GB/T 18915.1 和 GB/T 18915.2 的要求,压花玻璃应符合 JC/T 511 的要求。

2. 磨边处理

玻璃热弯加工前应做磨边处理。

6.2　尺寸偏差要求及检测方法

热弯玻璃的尺寸偏差包括对高度和弧长偏差两方面要求。

(1) 热弯玻璃的高度是指垂直于水平弧的玻璃某一直边的尺寸。高度偏差应符合表 3-6-1 的规定。高度偏差检测:使用最小刻度为 1 mm 的钢卷尺测量,取其最大值。

表 3-6-1　高度允许偏差　　　　　　　单位:mm

高度 C	高度允许偏差	
	玻璃厚度≤12	玻璃厚度>12
$C \leqslant 2\,000$	±3.0	±5.0
$C > 2\,000$	±5.0	±5.0

（2）热弯玻璃的弧长偏差应符合表 3-6-2 的规定。弧度偏差检测:使用软尺在凸面两边部测量,取其最大值。

表 3-6-2　弧长允许偏差

单位:mm

弧长 C	弧长允许偏差	
	玻璃厚度≤12	玻璃厚度>12
C≤1 520	±3.0	±5.0
C>1 520	±5.0	±5.0

6.3　吻合度偏差要求及检测方法

对于弧长≤1/3 圆周的热弯玻璃的吻合度应符合表 3-6-3 的规定;弧长>1 圆周的热弯玻璃的吻合度由双方商定。

表 3-6-3　弧长允许偏差

单位:mm

弧长 D	吻合度允许偏差	
	玻璃厚度≤12	玻璃厚度>12
D≤2 440	±3.0	±3.0
2 440<D≤3 350	±5.0	±5.0
D>3 350	±5.0	±6.0

吻合度偏差检测:以合同规定的模板或理论形状的曲线为基准,用最小刻度为 0.5 mm 的钢直尺测量模板或理论形状的曲线与玻璃间的偏差,凸出为正、凹陷为负。

6.4　弧面弯曲偏差要求及检测方法

热弯玻璃的弧面弯曲偏差应符合表 3-6-4 的规定。

表 3-6-4　弧面弯曲允许偏差

单位:mm

高度 C	弧面弯曲允许偏差			
	玻璃厚度<6	6~8	10~12	玻璃厚度>12
C≤1 220	2.0	3.0	3.0	3.0
1 220<C≤2 440	3.0	3.0	5.0	5.0
2 440<C≤3 350	5.0	5.0	5.0	5.0
C>3 350	5.0	5.0	5.0	6.0

弧面弯曲偏差检测:玻璃制品垂直且曲线边放在两个垫块上。垫块分别垫在曲线边弧长的 1/4 处,钢直尺的直线边或绷紧的直线紧靠玻璃的凸面与直边平行,用

塞尺测量钢直尺直线边(或直线)与玻璃之间的最大缝隙。分别在两直边处和1/2弧长处测量三次,取最大值。

6.5　扭曲偏差要求及检测方法

曲率半径>460 mm、厚度为3~12 mm 的矩形热弯玻璃的扭曲应符合表3-6-5的规定。其他厚度和曲率半径的热弯玻璃的扭曲由供需双方商定。

表3-6-5　扭曲允许偏差　　　　　　　　　　　　　　　单位:mm

高度 C	允许扭曲值			
	弧长<2 440	弧长 2 440~3 050	弧长 3 050~3 660	弧长>3 660
$C \leq 1\ 830$	2.0	5.0	3.0	5.0
$1\ 830 < C \leq 2\ 440$	3.0	5.0	5.0	8.0
$2\ 440 < C \leq 3\ 050$	5.0	5.0	6.0	8.0
$C > 3\ 050$	5.0	5.0	6.0	9.0

扭曲偏差检测:把玻璃放在一个90°的检测支撑装置内测量扭曲值,支撑装置的仰角为5°~7°,玻璃下角与装置的两表面的交线相接触,其他角尽量靠近竖平面,然后用最小刻度为0.5 mm 的钢直尺测量其他角,离开装置另一表面的实际距离即为扭曲值。扭曲检测装置如图3-6-1 所示。

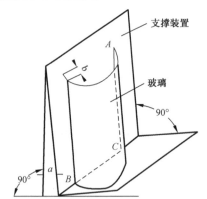

a—支撑装置的仰角,为5°~7°;b—玻璃的扭曲值

图 3-6-1　扭曲检测装置示意图

6.6　应力要求及检测方法

热弯玻璃的应力指标包括厚度应力和平面应力两项。

厚度应力,是玻璃在冷却过程中,由厚度方向上的温度梯度导致的玻璃内应力。板芯为张应力,表面为压应力。

平面应力,是玻璃板平面各区域,由于形状、模具等因素造成平面温度梯度所导致的应力。平面应力在玻璃厚度方向上大小不变。

1. 厚度应力的允许值

厚度应力以板芯最大张应力为准,不同厚度玻璃的应力最大允许值如表 3-6-6 所示。

表 3-6-6　不同厚度玻璃的应力最大允许值

玻璃厚度/mm	3	4	5	6	8	10	12~19
应力值/MPa	0.70	0.90	1.20	1.40	1.70	2.20	2.10

2. 平面应力的允许值

在玻璃板的任意部位其压应力≤6 MPa,张应力≤3 MPa。

3. 应力检测

使用 Senarmont 应力测定法,此种方法采用的应力仪的各光学元件及其方向匹配关系如图 3-6-2 所示。起偏器及检偏器的偏振方向均须与基准线成45°,它们之间必须相互垂直,被测样品主应力方向必须与基准线一致,即主应力方向与偏振方向成45°。检偏器是可以旋转的,转动角度由刻度指示。使用时,先将检偏器转至 0 刻度处;然后放置被测样品,调整样品方向,使被测点主应力方向与偏振方向成45°;再转动检偏器,直到被测点变得最暗,记下转角读数,每度相当于 3.14 nm 光程差。如顺时针转动检偏器能使被测点变暗,则为张应力,反之为压应力。根据旋转方向可判断出与水平线一致的应力是张应力还是压应力。

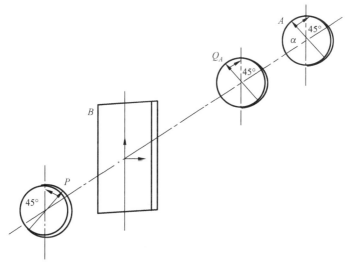

P—起偏器;A—检测器;B—样品;Q_A—1/4 波片;α—减偏器转角

图 3-6-2　Senarmont 应力测定法示意图

以厚度应力测定为例:从热弯玻璃上取样,尺寸为 25 mm×200 mm。将样品立放在仪器上,样品的长度方向与仪器面板上的 0°～180°刻度线方向一致,样品在 25 mm 方向为高度,使光线透射过样品的上、下端面。顺时针转动偏振器,直到端面中心部位由蓝色刚刚变为棕色,读取检偏器上的旋转角度读数。

第4篇 热熔玻璃加工过程的环保措施

模块 1 玻璃粉尘的净化处理

热熔玻璃在加工过程中,会对玻璃进行改裁、磨边,在改载、磨边过程中会产生粉尘;琉璃玻璃在使用窑炉烧制过程中,用到煤气,在制煤气以及煤气燃烧时,会产生二氧化硫及氮氧化物,这些污染物如果不加以治理,直接排放,就会对环境产生污染,因此需要净化处理。

1.1 玻璃粉尘的特征

1. 粉尘的粒径和粒径分布

粉尘的粒径是指粒子的直径或粒子的大小。粒径是粉尘的基本特性之一,粉尘颗粒大小不同,它的物理、化学性质也就不同。一般将粒径分为代表单个粒子大小的单一粒径和代表各种不同大小粒子组成的粒子群的平均粒径,单位是 μm。

粒径大小与粒子的形状密切相关,为测定方便,常把粒子假定为球形,而实际上大多是不规则形状,这就会导致理论计算与实际大小有偏差。

粉尘的粒径分布是指某种粉尘中各种直径颗粒所占的比例。若用粒数表示时,称为粒数分布;若以质量表示时,称为质量分布。由于质量分布更能反映不同粒径粉尘对环境和除尘器性能的影响,所以在除尘技术中多采用质量分布来表示粒径分布。粒径分布的表示方法有表格法、图形法和函数法,而函数法是粒径分布较完美的表示方法。

2. 粉尘的密度

单位体积粉尘的质量称为粉尘的密度,单位是 kg/m^3。粉尘在自然堆积状态下,颗粒之间和颗粒内部都存在空隙。因此,在自然堆积状态下单位体积粉尘的质量要比密实状态下小得多。把自然堆积状态下单位体积粉尘的质量称为堆积密度,用 ρ_b 表示。它与粉尘的贮运设备和除尘器灰斗的设计有密切关系。密实状态下单位体积粉尘的质量称为粉尘的真密度,用 ρ_p 表示。它对机械式除尘器的工作和效率有较大的影响。例如,对于粒径大、真密度大的粉尘可以选用机械力除尘器(如重力沉降室、惯性除尘器、旋风除尘器),而对于真密度小的粉尘,即使颗粒大也不宜采用这种类型的除尘设备。

3. 粉尘的含水率

粉尘的含水率是指粉尘中所含水分质量与粉尘总质量(包含粉尘和水分)之比。粉尘水分包括附着在粉尘表面、凹坑和孔道中的自由水分,以及以化学结合方式存在的水分。干燥可去除全部自由水分,以化学结合方式存在的水分的去除程度随干燥条件而变化。粉尘的含水率与其吸湿性有关,其大小又会影响到粉尘的导电性、黏附性、流动性等物理性质。

4. 粉尘的润湿性

粉尘能否与液体相互附着或附着难易程度称为粉尘的润湿性。根据粉尘被水润湿的难易程度将粉尘分成两大类:容易被水润湿的称为亲水性粉尘(如锅炉飞灰、石英粉尘等);难以被水润湿的称为疏水性或憎水性粉尘(如石墨粉尘、炭黑等)。粉尘的润湿性除与粉尘的性质有关外,还与其粒径、生成条件、含水率、表面粗糙度和荷电性有关。在除尘技术中,粉尘的润湿性是选用除尘设备的主要依据之一。对于润湿性好的亲水性粉尘,可选用湿式除尘。反之,则不宜采用湿式除尘。对于水泥、熟石灰等粉尘,尽管其吸水性好,但吸水后易形成不溶于水的硬垢,并附着在设备和管道中引起结垢和堵塞问题,因此,也不宜采用湿式除尘。

5. 粉尘的黏附性

粉尘颗粒相互附着或附着于固体表面上的现象称为粉尘的黏附性。影响粉尘黏附性的因素很多,一般情况下,粉尘的粒径小、形状不规则、表面粗糙、含水率高、润湿性好以及荷电量大时,易产生黏附现象。粉尘的黏附性还与周围介质的性质有关,例如尘粒在液体中的黏附性要比在气体中弱得多;在粗糙或黏性物质的固体表面上,黏附力会大大提高。

利用粉尘的黏附性可以使粉尘相互凝聚和附着在固体表面上,这有利于粉尘的捕集和避免二次扬尘。但黏附性太强可能会导致清灰困难。另外,在含尘气体通过的设备或管道中,还会因为粉尘的黏附和堆积,造成管道和设备的堵塞。

1.2　玻璃粉尘治理

粉尘往往采用除尘装置进行收集。除尘装置种类很多,按捕集粉尘的机理,可分为机械式除尘器、洗涤式除尘器、过滤式除尘器(袋式除尘器)和电除尘器四种类型;根据除尘过程中是否采用液体除尘和清灰,可分为干式除尘器和湿式除尘器两大类;根据除尘器的压力损失,可分为低阻除尘器(500 Pa)、中阻除尘器(500~2 000 Pa)和高阻除尘器(2 000~20 000 Pa);根据除尘效率,除尘器可分为低效除尘器、中效除尘器和高效除尘器。重力除尘器和惯性除尘器为典型的低效除尘器,袋式除尘器、电除尘器和文丘里除尘器为高效除尘器,其他为中效除尘器。

玻璃粉尘一般可以采用袋式除尘器。

袋式除尘器是利用织物材料制作的袋状过滤元件(即滤袋)捕集含尘气体中固体颗粒的设备。袋式除尘器与电除尘器、文丘里除尘器并列为三大高效除尘器。与电除尘器相比,其优点是结构简单、投资省、运行稳定,可以处理高电阻率粉尘。与文丘里除尘器相比,其优点是动力消耗小,回收的干颗粒物便于综合利用。袋式除尘器的工业应用始于第一次世界大战前,近年来,伴随袋式除尘技术,尤其是新滤材的不断涌现和滤料制备技术的不断改进,其应用范围不断扩大。

1. 袋式除尘器工作原理

袋式除尘是采用过滤技术将气体中的固体颗粒物进行分离的过程,图 4-1-1 为袋式除尘器滤布捕集粉尘的过程示意,当含尘气体通过洁净的滤袋时,由于滤料本身的网孔较大(一般为 $20\sim50~\mu m$,表面起绒的滤料为 $5\sim10~\mu m$),因而新鲜滤料的除尘效率不高,大部分微细粉尘会随着气流从滤袋的网孔中通过,而较大的颗粒靠筛分截留、惯性碰撞和拦截被阻留。随着滤袋上截留粉尘的加厚,细小的颗粒靠扩散、静电等作用也被纤维捕获,并在网孔中产生"架桥"现象。随着含尘气体不断通过滤袋的纤维间隙,纤维间粉尘"架桥"现象不断加强,一段时间后,滤袋表面积聚成一层粉尘,称为粉尘初层。在以后的除尘过程中,粉尘初层便成了滤袋的主要过滤层,它允许气体通过而截留粉尘颗粒,此时滤布主要起着支撑骨架的作用,随着粉尘在滤布上的积累,除尘阻力(压损)增加,处理能力降低。当滤袋两侧的压力差很大时除尘器阻力过大,系统的风量会显著下降,以致影响生产系统的排风,此时要及时进行清灰,但清灰时必须注意不能破坏粉尘初层,以免降低除尘效率。早期的滤料由于网孔较大,效率保证率并不高。近年来,伴随排放要求不断提高,对滤料提出了更高要求,新型滤料不断出现,其特征之一就是滤料的网孔变得更小。

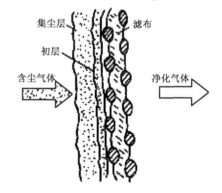

图 4-1-1　滤布捕集粉尘的过程

2. 袋式除尘器的种类

袋式除尘器主要由过滤装置和清灰装置两部分组成。前者的作用是捕集粉尘,后者的作用是清除滤料表面积附的粉尘,以恢复其过滤能力。袋式除尘器通常还设有清灰控制装置、箱体、贮灰装置和卸灰装置等。

在各种除尘装置中,袋式除尘器的种类最多,有不同的分类方式。

123

（1）按清灰方式分类。清灰效果是影响袋式除尘器长期持续工作的决定性因素。清灰的基本要求是迅速而均匀地剥落沉积于滤袋表面的粉尘，同时通常要求能保持一定的粉尘初层，不损伤滤袋，而且动力消耗低。按清灰方式的不同，袋式除尘器可分为机械振打式、逆气流清灰式和脉冲喷吹式等。

① 机械振打式。机械振打式是利用机械装置振打或摇动悬吊滤袋的框架，使滤袋产生振动而清落积灰，包括水平振打、垂直振打和快速振打等方式，如图 4-1-2 所示。

② 逆气流清灰式。逆气流清灰式是利用与过滤气流相反的气流，使滤袋产生变形，继而使粉尘层（饼）脱落。反向气流的作用只是引起附着于滤袋表面的粉尘脱落的原因之一，更主要的是滤袋变形导致粉尘层脱落，如图 4-1-3 所示。

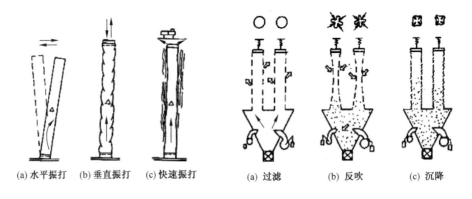

| (a) 水平振打 | (b) 垂直振打 | (c) 快速振打 | (a) 过滤 | (b) 反吹 | (c) 沉降 |

图 4-1-2　机械振打清灰方式　　**图 4-1-3　逆气流清灰方式**

③ 脉冲喷吹式。脉冲喷吹式是使压缩空气在极短的时间内（不超过 0.2 s）高速喷入滤袋，同时诱导数倍于喷射气量的空气，使滤袋由滤口至底部急剧膨胀和冲击振动，产生很强的清落积灰作用，如图 4-1-4 所示。

在脉冲清灰除尘器中，滤袋袋口可装引射器起强化诱导气流作用；也可不装引射器，直接利用袋口引射气流。脉冲喷吹清灰通常采用依次逐排地对滤袋进行清灰，也可采用跳跃式清灰方式。由于喷吹时间很短，被清灰的滤袋占总滤袋的比例很小，几乎可以将过滤看作是连续的，因此通常不采用分室结构。当然，也有做成分室结构的，其特点是将滤袋分成若干组，将滤袋上方的净化箱按各组分隔形成分室，称这种清灰布置为气箱脉冲喷吹。对于气箱脉冲清灰，袋口不设引射器。清灰时，关闭排气口阀门，从一侧向

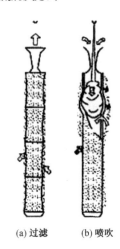

| (a) 过滤 | (b) 喷吹 |

图 4-1-4　脉冲喷吹清灰方式

分室喷射脉冲气流,气流从分室进入滤袋,达到清灰目的,清灰逐室进行。

脉冲喷吹清灰作用很强,而且其强度和频率都可以调节,清灰效果很好,可以采用较高过滤风速。

(2) 按滤袋断面形状分类。滤袋形状会影响袋式除尘器单位体积内可布置的滤袋面积、滤袋受力均匀性和清灰效果等。按滤袋断面形状,袋式除尘器主要为圆袋和扁袋两种。

① 圆袋。大多数袋式除尘器都采用圆形滤袋。圆袋受力均匀,滤袋及支撑骨架制作方便,清灰所需动力较小,滤袋悬挂垂直度容易调整,检查维护方便。大型除尘器的圆形滤袋直径通常采用 120~300 mm,袋长可达 2~10 m。滤袋直径小,可在一定的过滤空间中布置更多的过滤面积,但滤袋的数量会增加;若增加滤袋长度,可节约占地面积,但过长会影响脉冲喷吹、机械回转反吹的清灰效果,同时,也会增加滤袋顶部的张力,使该处易于破损。但是长滤袋有利于降低风速,提高除尘效率。

② 扁袋。扁袋有平板形、菱形、楔形、椭圆形、扁圆形、人字形等多种,其共同特点是都取外滤方式,内部都有一定形状的骨架支撑。扁袋布置紧凑,在箱体体积相同的条件下,可布置更多的过滤面积,一般能增加 20%~40%,因而在节约占地和降低重量方面有明显的优点。但扁袋除尘器结构复杂,制作要求高,平板形扁袋之间易被粉尘堵塞,清灰也较困难。

(3) 按滤尘方向分类。根据含尘气流通过滤料的方向,可将袋式除尘器分为外滤式和内滤式两种。

① 外滤式。含尘气体由滤袋外侧向滤袋内侧流动,粉尘被阻留在滤袋外表面。外滤式可采用圆袋或扁袋,袋内需设置骨架,以防滤袋被吸瘪。脉冲喷吹和高压气流反吹等清灰方式多用于外滤式。

② 内滤式。含尘气体由滤袋内侧向滤袋外侧流动,粉尘被阻留在滤袋内侧表面。内滤式多采用圆袋,机械振打、逆气流、气环反吹等清灰方式多用于内滤式。内滤式因滤袋外侧是清洁气体,当被过滤气体无毒且温度不高时,可以在不停机情况下进入袋室内检修,且一般不需支撑骨架。但内滤式圆袋的袋口气流速度较大,若气流中含有粗颗粒粉尘,则会严重磨损滤袋。

(4) 按进气口位置分类。按含尘气体进入除尘器的位置,可将袋式除尘器分为上进气式和下进气式两种。

① 上进气式。含尘气流从袋室上部进入除尘器,粉尘沉降方向与气流流动方向一致,有利于粉尘沉降。但是滤袋需设置上、下两块花板,结构较复杂,且不易调节滤袋张力。

② 下进气式。含尘气流从滤袋室底部或灰斗上部进入除尘器。这种除尘器结构简单,但是在袋室中气流是自下而上,与清落粉尘的沉降方向相反,容易使粉尘重

返滤袋表面,影响清灰效果,并增加设备阻力。

模块 2　玻璃烧制废气的净化处理

琉璃在窑炉烧制过程中,使用煤气或天然气,除了产生粉尘污染外,还会产生气态污染物,如二氧化硫及氮氧化物。

2.1　二氧化硫废气净化处理

根据脱硫产物是否回收利用,可将烟气脱硫方法分为抛弃法和回收法。前者脱硫产物作为固体废物抛弃,后者则回收硫资源。抛弃法存在二次污染隐患,回收法工艺流程较长,若副产物附加值低,脱硫费用相对较高。

根据脱硫过程是否加入液体和脱硫产物的干湿形态,可将烟气脱硫方法分为湿法、半干法和干法。湿法脱硫用溶液或浆液吸收 SO_2,初产物也为溶液或浆液,具有工艺成熟、脱硫效率高、操作简单等优点,但脱硫液处理较麻烦,容易造成二次污染,且脱硫后烟气的温度较低,不利于扩散。主要湿式烟气脱硫技术包括石灰石/石灰-石膏法、氧化镁法、氨法、海水脱硫法、双碱法及磷铵复合肥法等。干法脱硫无液体介入,脱硫产物也为干态,净化后烟气温度降低很少,利于扩散,且无废水排出,主要干法烟气脱硫技术包括催化法、吸附法和高能等离子体法等。干法存在净化效率较低、脱硫剂成本高等不足,目前工程应用案例较少。半干法是用雾化的脱硫剂或浆液脱硫,在脱硫过程中,雾滴被蒸发干燥,故产物呈干态,具有干法和湿法脱硫的一些优点,但过程相对复杂,操作控制难度较高,效率通常介于湿法与干法之间。主要半干法脱硫技术包括炉内喷钙-尾部增湿活化法、烟气循环流化床法、旋转喷雾干燥法等。

对于玻璃粉尘可采用湿法或半干法脱硫,其中石灰石/石灰-石膏法及旋转喷雾干燥法应用较多。

2.2　石灰石/石灰-石膏法脱硫

1. 脱硫工艺流程典型

石灰石/石灰-石膏法工艺流程如图 4-2-1 所示。燃烧烟气经脱硝、除尘和冷却后,送入吸收塔,用配置好的石灰石或石灰浆液洗涤含 SO_2 烟气,再经除雾和再热后排放。石灰石或石灰浆液吸收 SO_2 后,成为含有亚硫酸钙和原浆液的混合液,向吸收塔底部的循环区鼓入氧化空气,使亚硫酸钙氧化为硫酸钙。生成的硫酸钙经旋流器增稠浓缩、真空皮带脱水,得到副产品石膏。

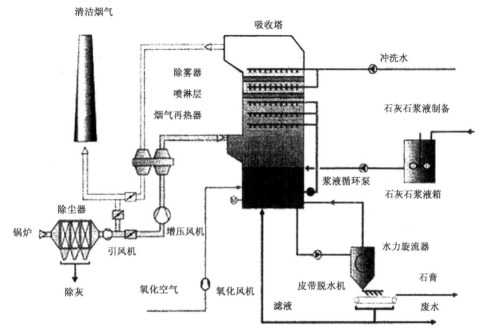

图 4-2-1　石灰石/石灰-石膏法烟气脱硫工艺流程示意图

2. 影响脱硫性能的主要因素

影响石灰石/石灰-石膏法脱硫性能的主要因素包括 SO_2 浓度、浆液 pH、石灰石粒度、液气比、钙硫比、浆液固体含量、烟气流速和吸收温度等。

（1）SO_2 浓度。脱硫效率一般随烟气 SO_2 浓度增大而降低,其原因是随着 SO_2 浓度的增大,浆液中的石灰石消耗加快,新鲜石灰石补充滞后,从而造成液膜阻力增加。不过,当烟气 SO_2 浓度较低(一般低于 $1\ 000\ mg/m^3$)时,其浓度增大对浆液中石灰石的消耗速率影响不大,但会增大气膜传质推动力,反而使脱硫效率提高。

（2）浆液 pH。如前所述,由于 Ca^{2+} 的形成机理不同,石灰石和石灰法脱硫的 pH 也不相同。实际上,pH 对脱硫效率、Ca 的利用率、石膏品质以及 $CaSO_3$ 和 $CaSO_4$ 的溶解度都有重要影响。提高浆液 pH,有助于改善脱硫性能,但会降低 Ca 的利用率、降低石膏品质,反之亦然。另外,pH 太高,石膏的结晶会优先发生在小颗粒碳酸钙表面,从而影响碳酸钙的溶解。

（3）石灰石粒度。采用石灰浆液吸收时,液相传质阻力很小,而采用石灰石时,传质阻力相当大,就吸收传质而言,石灰优于石灰石。不过,当接触时间和持液量足够时,磨细的 $CaCO_3$ 在脱硫效率方面与石灰相当。正因为如此,石灰石浆液脱硫时,对石灰石颗粒粒度要求较高。

（4）液气比。在喷淋式脱硫塔设计中,循环浆液量决定了吸收 SO_2 的传质面积。因此,在其他条件不变的情况下,在一定的液气比范围内,增大循环浆液量即增大液气比,能提高脱硫效率,还可防止结垢。

(5)钙硫比。钙硫比(Ca/S)即钙硫摩尔比,是表征达到一定脱硫效率时所需钙基吸收剂的过量程度,也可说明在用钙基吸收剂脱硫时钙的有效利用率。在一定范围内,提高 Ca/S 可增大脱硫效率,但 Ca/S 超过 1 后,继续提高会导致吸收剂消耗量增大,脱硫副产物品质下降。

(6)浆液固体含量。吸收 SO_2 形成的产物($CaSO_4$)会在循环浆液中的固体物(作为晶种)表面上不断地沉淀析出。增大循环次数、延长循环液在吸收塔的反应停留时间,会增大浆液的固体含量,有利于提高吸收剂的利用率,并提高石膏质量。但是,当固体物在溶液中的过饱和度高于某一定值时,可能导致其在脱硫塔内部构件表面结垢。

(7)烟气流速。烟气流速对脱硫效率的影响较为复杂。一方面随着气速的增大,气液相对运动速度增大,传质系数提高,有利于脱硫。但是,当气速超过一定值时,继续增大气速会因气液两相接触时间缩短,导致脱硫效率降低。

(8)吸收温度。吸收温度较低时,吸收液面上 SO_2 的平衡分压降低,有助于气、液相间传质,但温度过低时,H_2SO_3 和 $CaCO_3$ 或 $Ca(OH)_2$ 之间的反应速率降低。通常认为吸收温度不是一个独立可变的因素,它取决于进气的湿球温度。

2.3 烟气脱硝

控制 NO_x 排放的技术措施可分为两大类:一是源头控制,即低 NO_x 燃烧技术,主要是通过各种技术手段,控制燃烧过程 NO_x 的生成;二是排气净化,即从烟气中分离 NO_x 或使其转化为无害物质。低 NO_x 燃烧技术虽然简便易行,但控制能力有限。随着 NO_x 排放控制要求的不断提高,烟气脱氮成为 NO_x 达标排放的主要出路。

烟气脱硝又称为烟气脱氮。目前,烟气脱氮技术主要有气相反应法、液体吸收法、吸附法、液膜法和微生物法等。

气相反应法分为高能电子氧化法(包括电子束照射法和脉冲电晕等离子体法)、催化还原法(包括选择性催化还原法、非选择性催化还原法和炽热炭还原法)、低温常压等离子体分解法。液体吸收法较多,应用也较广泛。与干法相比,湿法工艺具有设备简单、投资少等优点,但净化效率较低。吸附法烟气脱氮效率高,且能回收 NO_2,但吸附容量小,吸附剂用量大,再生频繁,因此限制了它的广泛应用。液膜法和微生物法是国外新近发展的烟气脱氮工艺,目前尚处于研究阶段。目前工业上应用比较广泛的是气相反应法中的选择性催化还原法(SCR 法)、选择性非催化还原法(SNCR 法)。

2.3.1 选择性催化还原法

SCR 法脱硝技术作为一种高效、成熟的烟气脱硝方法,已在我国各工业行业得到广泛应用。

1. SCR 脱硝技术原理、工艺流程和影响因素

（1）SCR 脱硝技术原理

SCR 脱硝是在一定温度和催化剂作用下，还原剂选择性地将烟气中的 NO_x 还原为 N_2 和 H_2O，目前用于烟气 SCR 脱硝的还原剂主要是氨水、液氨和尿素，无论采用何种还原剂，实际起作用的组分皆为 NH_3。广泛应用的催化剂以 TiO_2 为载体，以 V_2O_5 或 V_2O_5-WO_3、V_2O_5-MoO_3 为活性成分。其化学反应方程式如下：

$$4NH_3+4NO+O_2 \xrightarrow{\text{催化剂}} 4N_2+6H_2O$$

$$4NH_3+2NO+O_2 \xrightarrow{\text{催化剂}} 3N_2+6H_2O$$

由于烟气中的 NO 占 NO_x 总量的 $90\% \sim 95\%$，所以，NO 被 NH_3 还原是 SCR 脱硝最主要的反应。

（2）SCR 脱硝性能影响因素

影响脱硝效率的因素主要有催化剂组成、烟气温度、停留时间（空速）和 NH_3/NO_x（摩尔比）等。

① 催化剂组成。V_2O_5/TiO_2 类催化剂是广泛应用的烟气脱硝催化剂。之所以选择 TiO_2 为载体，是因为 TiO_2 不仅具有较大的比表面积，而且具有较高的抗 SO_2 性能。与其他金属氧化物（如 Al_2O_3、ZrO_2 等）相比，在 TiO_2 表面生成的硫酸盐的稳定性差。V_2O_5 作为催化剂的主要活性组分，其含量对 NO_x 脱除效率影响很大。一般来说，当 V_2O_5 含量较低时，脱硝效率随 V_2O_5 含量的增大而提高，但当 V_2O_5 含量达到一定值后，继续增大 V_2O_5 含量，脱硝效率不增反降。另外，由于 V_2O_5 具有催化氧化 SO_2 的作用，所以过高的 V_2O_5 含量会导致（NH_4）$_2SO_4$、NH_4HSO_4 形成的可能性增加。

V_2O_5/TiO_2 类催化剂包括 V_2O_5-WO_3/TiO_2、V_2O_5-MoO_3/TiO_2、V_2O_5-WO_3-MoO_3/TiO_2 等，在这些催化剂中，WO_3 含量较大，大约能够占到 10%（质量分数），其主要作用是提高催化剂的活性和热稳定性；MoO_3 含量在 6% 左右，在提高催化剂活性的同时可防止烟气中 As 导致催化剂中毒。

② 烟气温度。温度对脱硝效率的影响取决于催化剂，每种催化剂皆有其最适宜的温度范围。低于此温度范围时，脱硝效率随反应温度下降而降低。其原因是温度较低时，一方面 NH_3 还原 NO 的活性较低；另一方面，NH_3 会与氧化 SO_2 生成的 SO_3 反应，生成（NH_4）$_2SO_4$ 和硫酸氢盐，这些铵盐，特别是酸式铵盐对催化剂具有较强的黏附性，会造成催化剂性能下降和下游设备堵塞。

而反应温度高于适宜的温度范围时，脱硝效率随反应温度升高而降低的原因是 NH_3 被 O_2 氧化为 NO 的速率随温度升高而增大。由此可见，为了使脱硝过程以 NO_x 还原反应为主，尽量减少副反应发生，根据催化剂的温度特性将操作温度控制在合适的范围内至关重要。

应用于烟气脱硝中的 SCR 催化剂可分为高温催化剂(345~590 ℃)、中温催化剂(260~380 ℃)和低温催化剂(80~300 ℃),不同的催化剂适宜的反应温度不同。目前工业应用的大多数烟气脱硝催化剂适宜的温度范围为 320~420 ℃。

③ 停留时间(空速)。对于给定的反应装置,空速大意味着单位时间内通过催化剂的烟气多,烟气在催化剂上的停留时间短,相反,空速小意味着停留时间长。一般来说,烟气和氨气在反应器中停留时间越长,脱硝效率越高。但是,当停留时间过长时,不仅意味着催化剂用量增大、运行费用提高,而且由于 NH_3 氧化反应开始发生,也会导致脱硝效率下降。适宜的停留时间也与操作温度有关,当操作温度与最佳反应温度接近时,所需的停留时间降低。

④ NH_3/NO_x(摩尔比)。由于烟气中 NO_x 的主要成分是 NO,根据前述脱硝反应,脱除 1 mol NO 需要消耗 1 mol NH_3,故 SCR 脱硝的理论 NH_3/NO_x(摩尔比)为 1。研究表明,当 NH_3/NO_x(摩尔比) <1 时,NO_x 的脱除率与 NH_3 浓度呈线性关系;当 NH_3/NO_x(摩尔比)≥1 时,增大 NH_3 浓度对 NO_x 的脱除率几乎没有影响,但 NH_3 逸出量会大大增加。

另外,使用过程中,随着催化剂活性降低,NH_3 的逸出量也会增加。为减少铵盐对空气预热器和下游管道的腐蚀和堵塞,一般需将 NH_3 的排放浓度控制在 3×10^{-6} 以下。实际操作的 NH_3/NO_x(摩尔比)一般小于 1。

⑤ 其他因素。除上述因素外,烟气中 NO_x 浓度、SCR 脱硝系统运行时间、氨气与烟气的混合程度等也会影响 NO_x 的脱除效率。一般情况下,脱硝效率随着进口浓度的增加而上升。但当进口 NO_x 浓度超过一定值时,进一步增大浓度会导致脱硝效率下降。

随着 SCR 脱硝系统运行时间延长,催化剂性能随运行时间延长而下降,为了维持较高的脱硝效率,一般要求每隔 3 年左右时间增加或更换一次催化剂。

氨与烟气充分混合,是确保高 NO_x 脱除率、低 NH_3 逸出量的前提。采用合适的喷嘴格栅、为氨与烟气的混合提供足够长的烟道,是使氨和烟气均匀混合的有效措施,由此可以避免由氨和烟气的混合不均所引起的脱硝效率下降、氨逸逸增大等不利影响。

(3) SCR 脱硝系统构成

SCR 脱硝系统主要由供氨和注氨、催化反应器、检测和控制 3 个子系统组成。

① 供氨和注氨系统。供氨和注氨系统的功能是产生气态氨,并确保氨在进行催化反应之前与烟气均匀混合。商业应用的 SCR 还原剂有液氨、氨水和尿素。目前,电站锅炉 SCR 装置普遍使用液氨。液氨属危险化学物质,对液氨的运输与卸载等处理有非常严格的规程与规定,需要按规程与规定运输、卸载和使用。若采用氨

水,就可以避开适用于液氨的严格规定,但经济性差,需要额外的设备和能量消耗,并需采用特殊的喷嘴将氨水喷入烟气。

采用液氨作为还原剂时,在喷入烟气管道之前,首先,需采用热水或蒸气将液氨汽化为氨气。然后,通过专用的稀释风机提供稀释风,也可以从送风机出口抽取一小部分冷空气(占锅炉燃烧总风量的 0.5%~1%)作为稀释风,对其进行稀释处理,形成氨与空气的混合物,并通过供氨管道送至催化反应器之前的喷氨汇流排上。最后,由喷氨格栅均匀地注入反应器前的烟道。在大多数 SCR 脱硝反应系统中,注入烟道的氨气随烟气气流自上而下垂直进入脱硝反应器。

② 催化反应器及附属组件。作为 SCR 脱硝系统的核心设备,脱硝反应器的主要功能是承载催化剂、为脱硝反应提供空间,同时保证烟气流动的顺畅与气流分布的均匀。催化反应器是完成脱硝化学反应的容器。为了保证反应器内催化剂充分利用和反应有效进行,不仅需要保证烟气进入反应器之前与氨气充分混合、合理设计反应器与烟道之间的过渡段,还要在反应器内部科学排布催化剂,尽量降低烟阻,避免涡流和烟气回流现象。另外,还需要在反应器内安装吹灰器,及时清除催化剂表面和孔道积灰,以保证催化剂的清洁和反应活性。

A. 反应器本体。反应器本体由整流栅、催化剂和催化剂支撑钢梁构成。

烟气与注入的氨气经过喷氨格栅,提高氨气与烟气的混合程度后,首先通过折角导流栅,流向发生变化。在最后进入催化反应层之前,再流过小尺寸的正方形整流栅,进一步提高混合程度,并确保在催化剂层的水平断面上气流均匀分配。催化剂由底部的支承钢梁支撑。

反应器壳体通常采用标准的板箱式结构,辅以各种加强筋和支撑构件来满足防震、承载催化剂、密封、承载荷载和抵抗应力的要求,并且实现与外界的隔热。外壁的一侧位于催化剂层位置开有检修门,用于装入催化剂模块。每个催化剂层都设有人孔,在机组停运时可通过人孔进入,以便检查催化剂模块的状况。

B. 催化剂。每个反应器内装填一定体积的催化剂,催化剂模块是商业催化剂的最小单元结构,若干个催化剂模块组成箱体结构,若干个箱体再组成催化剂层,每个反应器一般由 3~5 层催化剂层组成。

C. 吹灰器。对于燃煤烟气,因烟气中飞灰含量较高,通常需在 SCR 反应器中安装吹灰器,以除去覆盖在催化剂表面及堵塞气流通道的积灰,从而使反应器的压降保持在较低水平,并充分发挥催化剂的活性。

吹灰器通常为可伸缩的耙形结构,采用蒸气或空气进行吹扫。一般每层催化剂的上面都设置有吹灰器,各层吹灰器的吹扫时间错开,即每次只吹扫一个催化剂层或单层中的部分催化剂。吹灰时,通常从最上层催化剂开始,止于最下层催化剂,从上到下,一层接一层吹灰。原则上,吹灰器每月吹灰一次,也可以根据反应器进出口的压差进行吹灰,使反应器的压力损失控制在一定的范围内。

目前,声波吹灰器逐渐得到应用,声波吹灰器释放声波,产生共振,使堆积在催化剂表面的积灰脱落,并被气流带走。声波吹灰器所产生的声频远高于设备结构的共振频率,也不会损害催化剂,所以可采用较高的吹灰频度,以维持催化剂积灰量处于较低水平。

D. 旁路。可通过设置旁路的方式确保 SCR 系统安全、高效运行。对于 SCR 反应器布置在省煤器与空气预热器之间的情况,有大旁路和小旁路两种设置方式。所谓大旁路是指在 SCR 反应器入口与出口之间设置旁路,使烟气绕过 SCR 反应器。随着排放控制要求的提高,这种旁路设置方式受到限制。小旁路是在省煤器入口与 SCR 反应器入口之间设置的旁路,其作用是当锅炉低负荷运行时,利用部分热烟气来提高进入 SCR 反应器的烟气温度。保证 SCR 反应器中的烟气温度高于硫酸铵和硫酸氢铵的凝固温度,从而有效地控制由于硫酸铵和硫酸氢铵凝固导致的催化剂及空气预热器的沾污积灰与腐蚀堵塞。

设置小旁路会减少省煤器吸热量、影响锅炉主蒸气温度和再热蒸气温度。小旁路烟道通常使用一个可调节的挡板来调整经过旁路的热烟气与省煤器出口的冷烟气的比率。锅炉负荷越低,挡板的开度越大,旁路的热烟气就越多。省煤器出口烟道也需要考虑安装调节挡板来提供足够的压力使烟气从旁路经过。省煤器旁路在设计时主要考虑的问题是如何保持烟气的最佳反应温度,同时保证两股气流在进入 SCR 反应器之前均匀混合。

2.3.2 选择性催化还原法

选择性非催化还原 SNCR 脱硝技术以锅炉或水泥预分解炉之类工业窑炉的燃烧室或炉膛为反应器完成脱硝过程,通常可通过对锅炉或工业窑炉进行改造来实现。实际应用中,SNCR 的设计效率一般为 30%~50%。

1. SNCR 脱硝原理、影响因素

(1) SNCR 脱硝原理

SNCR 工艺是在温度 850~1 100 ℃ 区间内,在无催化剂条件下,利用 NH_3 或尿素等还原剂,选择性地还原烟气中的 NO_x。

以氨为还原剂,反应式为

$$4NH_3+4NO+O_2 \longrightarrow 4N_2+6H_2O$$

$$8NH_3+6NO_2 \longrightarrow 7N_2+12H_2O$$

以尿素为还原剂,反应式为

$$2CO(NH_2)_2+4NO+O_2 \longrightarrow 4N_2+2CO_2+4H_2O$$

烟气中 90%~95% 的 NO_x 为 NO,故以 NO 还原反应为主。为确保上述反应为脱硝过程的主要反应,氨或尿素必须注入最适宜的温度区。温度太高,容易导致氨被氧化为 NO;温度太低将导致氨反应不完全。

（2）SNCR 脱硝效率影响因素

在 SNCR 系统中，影响 NO_x 脱除效率的设计和运行参数主要包括反应温度、停留时间、还原剂和烟气的混合程度、NH_3/NO_x（摩尔比）和添加剂的种类等。

① 反应温度。在 SNCR 工艺设计中，最重要的是炉膛上还原剂喷入点的选定，即温度窗口的选择。根据还原剂类型和 SNCR 工艺运行的条件，有效的温度窗口常发生在 900~1 100 ℃。以氨为还原剂时，反应温度通常在 1 000 ℃ 左右存在拐点，即高于 1 000 ℃时，随着温度升高，NO_x 脱除率由于氨被氧化而降低;低于 1 000 ℃时，随着温度降低，由于脱硝反应不充分使氨的逸出量增加。以尿素为还原剂时，温度的影响有相同的趋势，但最佳温度约为 900 ℃。

② 停留时间。停留时间是指反应物在反应器中停留的总时间。燃煤锅炉 SNCR 的停留时间取决于炉膛尺寸和烟气流量，这些参数通常受限于如何使燃烧过程发生在最优条件下，而不是使 SNCR 过程在最优条件下发生。因此，实际操作的停留时间往往并不是 SNCR 反应的最优时间。在水泥预分解炉内烟气 900~1 100 ℃范围的停留时间远大于燃煤锅炉，所以水泥预分解炉的 SNCR 脱硝效率通常高于燃煤锅炉。

③ 还原剂和烟气的混合程度。大型电站锅炉由于炉膛尺寸大、锅炉负荷变化范围大，使得还原剂和烟气的充分混合难度增大。国外的实际运行结果表明，大型电站锅炉 SNCR 系统的 NO_x 还原率只有 25%~40%，而且随着锅炉容量增大，NO_x 还原率呈下降趋势。为了提高 SNCR 脱硝效率，通常采用多种方式来改进烟气和还原剂的混合程度。主要方式有:(a)通过优化喷嘴结构和尺寸，改善液滴的大小、分布，喷射角度和方向。(b) 雾化蒸气与尿素溶液在喷枪枪头处通过雾化喷头进行混合，采用合适的雾化压力改善液滴的粒径大小、分布以及液滴的喷射速度。(c) 增大喷入液滴的动量或增加喷嘴数量。

④ NH/NO_x（摩尔比）（化学计量比）。根据反应式得知，理论上 SNCR 还原 1 mol NO 需要 1 mol NH_3，而实际运行中 NH_3/NO_x（摩尔比）要比理论值大，被利用的还原剂的量可通过加入系统的还原剂量减去 NO_x 脱除量来计算。NII_3/NO_x（摩尔比）增大虽然有利于 NO_x 的还原，但是 NH_3 泄漏量也会随之增加，还会增加运行费用。

⑤ 共存气体组成。O_2 对于 SNCR 脱硝反应必不可少，其原因是在 NH_3 与 NO 反应过程中，NH_3 需要先与氧原子反应生成 NH_2 自由基，NH_2 自由基再与 NO 反应生成 N_2。而氧原子来源于高温下 O_2 的分解。但是，随着 O_2 浓度的增大，最大脱硝效率下降且 SNCR 温度窗口范围变窄，这说明高浓度 O_2 对 SNCR 脱硝不利。

CO 浓度对低温侧的 SNCR 脱硝效率有显著影响。反应温度低于最适脱硝温度时,随着 CO 浓度的增大,同一温度下的脱硝效率增大,这可能是因为 CO 能促进较低温度下氧原子的生成,使 SNCR 反应更易在低温下进行。

⑥ 共存固相组分。在水泥预分解炉中的 CaO 对 800 ℃的 SNCR 脱硝过程有显著的抑制作用,其原因是 CaO 催化氧化 NH_3 为 NO。SiO_2 和 Al_2O_3 的存在对 SNCR 过程基本没有影响。Fe_2O_3 对 CaO 催化氧化 NH_3 的过程有一定的抑制效应。

2. SNCR 脱硝系统构成

SNCR 脱硝系统主要包含还原剂存储系统、高倍流量循环模块、稀释计量模块(背压阀组)、分配模块、喷射系统和自动控制模块等部分。

(1) 还原剂存储系统。以氨水作为还原剂为例,还原剂储罐材料可采用不锈钢(立式)、钢衬塑或玻璃钢。玻璃钢内层是乙烯树脂涂层,可采用立式和卧式;钢衬塑正常为碳钢卧罐内衬聚乙烯;不锈钢采用 304 不锈钢板。储罐内设置温度、压力、液位检测实现自动控制需求。储罐基础为钢筋混凝土结构,储罐四周有围堰。存储区设置氨泄漏检测和喷淋系统。还可根据用户需要设置视频监控系统。

(2) 高倍流量循环模块。高倍流量循环是为还原剂的持续循环设计的装置。采用立式多级离心泵,含压力表、过滤器等组件,带整体基座等。

(3) 稀释计量模块。氨水稀释计量模块可以为一层或多层喷枪提供所需的还原剂和压力。该模块包括多级离心泵、用于计量的调节阀和电磁流量计、用于控制压力的控制阀和压力传送器以及压力表和压力开关等。

(4) 分配模块。分配模块一般安装在靠近喷枪的位置(通常在同一水平面)。计量模块为分配装置提供药剂,分配装置将这些药剂分送给每个喷枪。雾化空气和冷却空气由此装置注入。

另外,此分配模块还包括流速和压力显示及压缩空气和化学还原剂量调节阀或表。

(5) 喷射系统。每一个喷射器组件都具有适合的尺寸和特性,保证达到 NO_x 减排所需的流量和压力。喷射器全部用不锈钢制造,喷嘴头和冷却护套一般是 3/4 管材。

(6) 自动控制模块。SNCR 烟气脱硝自动控制可选用独立的 PLC 控制,也可融合进现有水泥烧成 DCS 控制系统,其主要功能是依据确定的 NH_3/NO_x(摩尔比)来提供所需要的还原剂流量。进口 NO_x 浓度和烟气流量的乘积产生 NO_x 流量信号,此信号乘上所需 NH_3/NO_x(摩尔比)就是基本氨气流量信号。摩尔比是在现场测试操作期间决定并记录在还原剂流控制系统程序上的。所计算出的还原剂流量需求信号送到控制器并与真实还原剂流量的信号相比较,所产生的误差信号经比例加积分动作处理去定位氨气流控制阀,若还原剂因为某些连锁反应失效造成喷雾动作跳闸,氨气流控制阀应关断。

SNCR 装置的控制系统包括与系统控制有关的所有控制仪器、分析仪器、最后控制组件、现场控制盘及控制系统等,还包括压缩空气系统、厂用水系统及还原剂贮存设备等。

所有监控信号,不管来自仪器还是现场控制盘,都应架设在 PLC 控制系统上;除非系统 I/O 硬件点数超过 PLC 框架外,原则上不增加 PLC 控制盘,以节省控制室的空间。

模块 3　玻璃生产脱硝技术

玻璃窑炉烟气中主要的污染物是颗粒污染物、硫氧化物(SO_x)和氮氧化物(NO_x)。在三种主要污染物中,NO_x 的危害更大,NO_x 不仅能形成酸雨,是光化学烟雾的"元凶",还是形成雾霾的"罪魁"。对颗粒污染物和 SO_x 的排放国家早在"九五"环保规划中明确指出减排任务,"十二五"环保规划之前 NO_x 的控制没有明确规定,直到"十二五"环保规划,环保指标明确规定了 NO_x 的减排目标,由 2010 年排放量 264.4 万 t,到 2015 年减至 238 万 t,减排率为 10% 左右。据统计至 2015 年年底,NO_x 实际排放总量累计下降 18.6%,超额完成了减排任务。"十三五"期间继续实行 NO_x 减排计划。经过多年的技术改进和创新,目前玻璃窑炉烟气除尘脱硫技术较成熟,一般采用电除尘或袋式除尘器除尘,用湿法、半干法或干法净化硫氧化物,但是对于 NO_x 的净化由于工矿企业开始真正进行减排时间较短,还存在一定的技术问题,目前对于 NO_x 的净化技术主要集中在减少过程中的 NO_x 生成量与烟气脱硝技术。

3.1　NO_x 的来源

1. 产生 NO_x 的物质

一条 500 t/d 的空气助燃浮法线,NO_x 的年排放量为 1013 t。NO_x 来源于硝酸盐原料的受热分解与燃料的燃烧。原料分解产生的 NO_x,可以通过适量减少硝酸盐的用量来实现,对于燃料燃烧产生的 NO_x,主要通过控制燃烧条件和治理烟气达到减排目的。

2. NO_x 形成机理

燃料在燃烧过程中会形成 NO_x,根据形成机理划分可分为三种类型:快速型 NO_x、热力型 NO_x 和燃料型 NO_x。

快速型 NO_x 是空气中的 N_2 与燃料中的碳氢化合物(CH_x),在空气过剩系数 α 为 0.7~0.8 的条件下,因为缺氧燃烧而形成的。产生的地点为燃烧初期的火焰面内部,反应时间短,在实际燃烧中,产生的量很少,一般可忽略不计。热力型 NO_x 是在高温条件下空气中的 N_2 氧化而生成的。燃料型 NO_x,顾名思义,是燃料中的含氮可燃物与空气中的氧气反应生成的 NO_x。

（1）快速型 NO_x 的生成机理

根据 Fenimore 理论,CH_x 在燃烧时形成 CH、CH_2 和 C_2 等基团,这些基团的活性较强,会破坏氮气原子间的化学键,反应方程式如下:

$$N_2+CH \longrightarrow N+HCN$$

$$N_2+CH_2 \longrightarrow NH+HCN$$

$$N_2+C_2 \longrightarrow 2CN$$

上述反应的活化能较小,反应容易发生。火焰中大量的 O、OH 等原子基团,与上述反应中产生的 HCN、NH、N 等反应生成 NO,反应方程式如下:

$$HCN+OH \longrightarrow CN+H_2O$$

$$CN+O_2 \longrightarrow NO+CO$$

$$CN+O \longrightarrow N+CO$$

$$NH+OH \longrightarrow N+H_2O$$

$$N+OH \longrightarrow NO+H$$

$$N+O_2 \longrightarrow NO+O$$

由上述反应可知,快速型 NO_x 的形成需在 CH、CH_2 和 C_2 基团大量存在即需要富燃条件时形成,要降低快速型 NO_x 的形成量,只需保证充足的氧气,就能减少燃料分解生成的 CH、CH_2 和 C_2 等基团的数量,从而减少快速型 NO_x 的形成。在玻璃窑炉中,空气过程系数一般选择为 1.1～1.2,氧气量呈现过量状态,而且燃料和空气混合充分,燃烧较完全,形成快速型 NO_x 的量比较少,甚至可以忽略不计。

（2）热力型 NO_x 的生成机理

热力型 NO_x 的形成机理最初是由苏联科学家捷里道维奇提出的,故称为 Zeldovich 机理,根据这一机理,NO_x 的生成速率表达式为

$$\frac{d(NO)}{dt} = 3 \times 10^{14}\exp(-542\,000/RT)\left[N_2\right]\left[O_2\right]^{1/2} \qquad (4\text{-}3\text{-}1)$$

式中:R——摩尔气体常数,$J/(gmol \cdot K)$;

T——烟气的开氏温度,K;

$\left[N_2\right]$——空气中氮气的浓度,$gmol/cm^3$;

$\left[O_2\right]$——空气中氧气的浓度,$gmol/cm^3$;

t——时间,s。

通过公式可知热力型 NO_x 的生成速率几乎与温度呈指数关系,当燃烧温度较低时,生成的 NO 量较少,但当温度高于 1 500 ℃时,NO 的生成量明显增加,此外空气

中氮气、氧气的浓度及时间都影响 NO_x 的形成,数值越大,产生的 NO_x 量越大。

浮法玻璃熔窑,不同温度曲线下的温度分布如表 4-3-1 所示。

表 4-3-1 浮法玻璃熔窑不同温度曲线下的温度分布

小炉序号	1 号	2 号	3 号	4 号	5 号	6 号
山形曲线温度分布/℃	1 430	1 480	1 530	1 550	1 520	1 440
桥形曲线温度分布/℃	1 490	1 510	1 540	1 570	1 550	1 500
双高温度分布/℃	1 475	1 510	1 550	1 575	1 545	1 500
国外浮法窑温度分布/℃	1 521	1 565	1 593	1 568	1 550	1 525

由表 4-3-1 可知玻璃熔窑内的温度几乎都高于 1 500 ℃,窑内空间温度更高,甚至达到 1 650 ℃ 或更高,所以在玻璃熔窑内采用空气助燃时会产生大量的热力型 NO_x。

(3)燃料型 NO_x 的生成机理

燃料中的 N 以原子状态与燃料中的 CH_x 结合,结合能是 N—N 键能的 1/3 ~ 1/2,燃烧过程中容易释放出 N、HCN、NH_i($i = 1, 2, 3$)等中间产物,这些中间产物在低温下也容易转化成 NO。

有研究表明,燃料中的含氮率越高,NO 的转化率越低,转化率趋近于 25% ~ 32% 产生所谓饱和现象。转化率与含氮率之间的关系式为

$$\alpha = 100(1 - 4.58n + 9.5n^2 - 6 - 67n^3)\% \qquad (4\text{-}3\text{-}2)$$

式中:α——氧化氮转化率;

n——燃料中的含氮率,%。

Tuner 理论认为,空气过剩系数越小,燃料型 NO_x 生成量越小,当空气过剩系数 $\alpha<1.0$ 时,因为氮与碳、氢竞争氧气时,氮缺乏竞争能力,从而使产生的 NO 量急剧减少。

某玻璃公司窑炉使用燃料石油焦、重油、煤粉中元素成分含量如表 4-3-2 所示。

表 4-3-2 石油焦、重油、煤粉元素成分含量

燃料	元素成分含量/%					
	碳	氢	氧	氮	硫	其他
石油焦	88.5	3.8	1.0	2.1	4.4	0.2
重油	85.4	11.2	1.9	0.2	1.0	0.3
煤粉	68.36	3.85	9.28	2.38	0.11	16.02

天然气中的氮含量较石油焦、重油、煤粉更少,燃料型 NO_x 生成量在总 NO_x 中所占比例较少。

总之,减少不同类型的 NO_x 生成量的条件包括:减少过量空气;降低燃烧温度;

缩短气体在高温区的停留时间。

3.2 常见的脱硝技术

当前脱硝技术主要通过两种技术来控制 NO_x 的生成量,一是通过控制燃烧条件,来控制 NO_x 的生成。其控制依据为 Fenimore、Zeldovich 和 Tuner 理论。二是通过烟气脱硝达到减少 NO_x 排放的作用。

1. 通过控制燃烧条件减少 NO_x 生成技术

该技术有富氧燃烧、全氧燃烧、空气分级燃烧、燃料分级燃烧、低氧燃烧、浓淡燃烧、烟气再循环燃烧、低 NO_x 燃烧器等。目前在玻璃窑炉中,已有通过富氧燃烧或全氧燃烧实现减少 NO_x 生成量的成功案例,例如海南中航特玻一线,采用富氧燃烧技术,实现了节能 5% ~ 10%,NO_x 原始浓度由 2 200 mg/Nm^3 降至 900 mg/Nm^3 的节能减排目的。

(1) 富氧燃烧就是采用富氧装置向玻璃熔窑供入附加的氧气进行助燃,使特定区域的氧量大于 21%(一般为 28% ~ 30%),富氧燃烧的方法有两种:一种是将富氧喷嘴装在玻璃液面和燃料喷枪之间;另一种是富氧喷枪将氧气作为雾化介质加到燃料喷枪中。在应用中,合理地选用燃烧器和安装在恰当的位置至关重要。

(2) 全氧燃烧就是利用纯度 ≥90% 的氧气代替空气与燃料混合进行燃烧。目前除了块煤、水煤气不能用于全氧燃烧窑炉外,天然气、重油、煤焦油、焦炉煤气、石油焦等均有成功使用的案列。

全氧燃烧炉就是在熔化部使用一支或多支纯氧燃烧喷枪,不间断喷出预调节好的氧气和燃料,在窑炉的特定位置设立调节烟道用以排出尾气、调节窑压。烧枪可布置成横向、纵向或顶烧等多种方式。全氧燃烧具有降低 NO_x 和尾气排放量、提高窑炉寿命、可在短时间内迅速提高窑炉炉温、窑炉出料量变化范围更加灵活、提高成品率、改善产品品质(减少未熔物、减少微小气泡量)等优点。但是全氧燃烧炉,窑炉碹顶的温度虽然增加不是很大(局部有可能会增大较多),但气氛发生了变化,由于总烟气量减少,水蒸气的体积浓度增大约 3 倍,碱性挥发物的体积浓度增高至 3 ~ 6 倍,同时还形成大量低黏度钠硅酸盐熔体。高浓度的碱性挥发物对熔窑顶碹及池壁耐火砖的性能造成危害,形成的大量低黏度钠硅酸盐熔体又对硅砖造成严重的侵蚀。由于水蒸气的体积浓度高,低黏度钠硅酸盐熔体在高温下形成更加容易,从而加重了碱的挥发物及冷凝物对硅砖的侵蚀作用。所以熔窑优质耐火材料的选择至关重要。

有资料显示,全氧燃烧对 Na-Ca-Si 玻璃熔化率的影响不大,高硼玻璃的熔化率明显提升。采用天然气作燃料的窑炉,当天然气的成本低于 3 元/m^3 时,全氧燃烧没有成本节约优势。目前全氧燃烧主要用于难以熔化的玻璃、质量要求较高的玻璃的生产企业、能源价格比较高的地区。

2. 烟气脱硝技术

近年来烟气脱硝技术得到了快速发展。烟气脱硝技术有气相反应法、液体吸收法、吸附法、液膜法和微生物法。

选择性催化还原法简称 SCR 法,属于气相反应法,广泛应用于玻璃窑炉烟气治理的生产实践中。

液体吸收法包括碱溶液吸收法、碱-还原剂还原吸收法(液相还原吸收法)、氧化剂氧化-碱液吸收法等。由于玻璃窑炉产生的烟气中 NO 的含量较高,玻璃窑炉烟气一般采用氧化剂氧化-碱液吸收法。

吸附法脱硝效率高,但因吸附剂吸附容量小、用量大、成本高、设备庞大、吸附剂再生频繁等原因,限制了广泛应用。

液膜法和微生物法目前技术不够成熟,在工业上还没有得到广泛应用。

SCR 法:利用 NH_3 作为还原剂,在催化剂的作用下,在一定温度条件下,NH_3 有选择地将废气中的 NO、NO_2 等 NO_x 还原为 N_2,而本身基本上不与氧气反应的方法。由于该法还原剂用量少、催化剂选择余地大、还原剂的起燃温度低等诸多有利因素而在玻璃熔窑烟气治理中得到了广泛应用。

SCR 脱硝技术的核心是催化剂,运行中存在的主要问题包括:硫酸氢铵对催化剂的堵塞问题,催化剂使用温度的选择问题,催化剂的中毒与老化问题,催化剂的布置问题及催化剂的最终处置问题。

(1) SCR 法使用的还原剂

目前应用的还原剂主要有两种:一种是氨水,一种是液态氨。有实践证明使用液态的氨作还原剂比使用氨水脱硝效果好,主要原因是形成的硫酸氢铵量不同,硫酸氢铵对催化剂的性能影响较大。硫酸氢铵的形成过程如下:

$$SO_3(g)+H_2O(g) \longrightarrow H_2SO_4(aq)$$

$$NH_3(g)+H_2SO_4(aq) \longrightarrow NH_4HSO_4(1)$$

当采用氨水时,烟气中的水蒸气含量较高,易形成硫酸氢铵,当采用液态氨时,烟气中的水蒸气含量少,形成较少的硫酸氢铵。当反应温度在硫酸氢铵的露点温度以下时,液态的硫酸氢铵黏性较强,易吸附飞灰,黏附在催化剂的表面,造成有效催化面积减少。随着硫酸氢铵的沉积,硫酸氢铵会形成颗粒度很小的晶体,进一步堵塞催化剂上的微孔,减少催化剂的比表面积,影响催化效率,进而影响脱硝效果。另外湿度过大,对催化剂的活性也有很大的影响。采用液态氨作还原剂能有效防止催化剂的堵塞,提高催化剂的利用率和催化效果。

(2) SCR 法常用的催化剂

最初的催化剂是以贵金属 Pt-Rh 和 Pt 为活性物质的金属类催化剂,但是昂贵的价格限制了其应用。目前在SCR法烟气治理工业中,使用的催化剂多为铜、铬、铁、矾、锰等金属的盐类或氧化物。常用的中低温催化剂性能特点如表4-4-3所示。

表4-4-3　常用的几种催化剂性能

催化剂型号	75014	8209	81084	8013
催化剂活性物质	25%$Cu_2Cr_2O_5$	10%$Cu_2Cr_2O_5$	矾锰催化剂	铜盐催化剂
反应温度/℃	250~350	230~330	190~250	190~230
转化率/%	≥90	≈95	≥95	≥95

根据催化剂对反应温度要求的不同,将脱硝工艺分成三种:中温催化工艺、高温催化工艺和低温催化工艺。由于高温催化工艺温度在硫酸氢铵露点温度以上,硫酸氢铵对催化剂的影响较中温和低温小,所以催化效果较好。如果采用中低温催化工艺,一般需考虑在脱硝前进行除尘脱硫。

催化剂的结构分为三种:板式、蜂窝式和波纹板式。应用较多的是板式和蜂窝式。在防堵灰方面,在反应器截面一定,催化剂节距相同条件下,板式催化剂的通流面积最大,可达85%以上,蜂窝式催化剂的通流面积与波纹板式催化剂相近,为80%左右。条件相同的情况下,较大节距的蜂窝式催化剂,其防堵效果与板式催化剂相差不大。另外从结构上看,板式的壁面夹角数量最少,最不容易堵灰;蜂窝式的催化剂每个催化剂壁面夹角都是90°直角,在高尘布置时,灰分容易产生搭桥现象,造成催化剂的堵塞。波纹板式催化剂其壁面夹角数量不仅多而且较小,最容易积灰,限制了其在玻璃窑炉烟气治理中的应用。

（3）催化剂的老化与中毒

催化剂失去活性称之为老化,一般情况下,温度越高,催化剂老化的速度越快;催化剂表面活性物质被破坏或活性中心被其他物质占据,催化剂活性和选择性迅速下降,称之为催化剂中毒。能使催化剂中毒的物质有碱金属氧化物、一氧化碳、硫化氢、水蒸气、重金属物质等。催化剂中毒分两种类型,一种是暂时性中毒,可通过水蒸气等简单方法使其恢复活性;一种是永久性中毒,永久性中毒的催化剂不能通过再生处理恢复其活性,只能更换新的催化剂。浮法玻璃窑炉烟尘成分如表4-4-4所示。

表4-4-4　浮法玻璃窑炉烟尘成分质量百分比含量

成分	Fe_2O_3	MgO	CaO	Al_2O_3	SiO_2	K2O	Na_2O	TiO
含量/%	2.77	1.26	0.47	2.2	5.83	1.31	29.19	0.46

由表4-4-4可知,浮法玻璃烟尘成分中Na_2O含量较高,对催化剂的活性影响较大,此外烟尘中还含有少量的重金属、HCN等物质,容易造成催化剂中毒,进而降低

催化剂的活性和减少使用寿命。

根据 SCR 工作环境,当采用高温高尘布置时,烟气中的有害成分对催化剂的影响较大,为减少影响,有厂家采用在 SCR 工艺布置之前,增加一台旋风除尘器进行初级除尘,以去除对催化剂效能有影响的部分粉尘,同时减轻对后续烟气净化系统的影响。

(4)影响转化率的因素

催化剂:由于催化剂催化活性不同,反应温度有别,催化效果各异。

反应温度:不同的催化剂反应温度要求不同,超过或低于催化反应温度,都影响转化率,所以在玻璃窑炉烟气治理过程中,脱硝段的工艺安置位置很重要。

空速:空速过大反应不充分,空速过小,设备利用率不高,对于不同的烟气量,通过设计催化反应器床层截面积及高度,来控制空速。

还原剂用量:还原剂用量一般通过 NH_3/NO 物质量比值来衡量,有实验证明,比值小于 1,反应不完全,比值大于 1.4,对转化率无明显影响。

催化剂及反应条件选择不当,反应不完全,转化率低,尾气中可能会有大量的 NH_3 溢出,与未被净化的 NO_x 反应生成一定量的 NH_4NO_3 和 NH_4NO_2,其中 NH_4NO_2 有爆炸危险,给生产安全带来隐患,生成的 NH_4NO_3 和 NH_4NO_2 还会造成管道的堵塞,影响正常生产。

国内某企业采用 SL-TN-02 型钛基蜂窝状 SCR 脱硝催化剂,反应温度 270～300 ℃,空速 5 000～7 000 m/h,NH_3/NO_x 控制在 1.0～1.2(物质量比值),NO_x 浓度 2 000～2 400 ppm 条件下,脱硝率>95%。

(5)SCR 法常用的设备

催化法净化气态污染物的主要设备是气固催化反应器。工业上利用的反应器主要有两种类型即固定床和流化床。固定床反应器由于结构比较简单、体积较小、催化剂磨损率低、完成同样烟气量净化需要催化剂量少、工艺控制更容易,从而应用更广泛。

固定床反应器主要有三种类型:单段反应器、多段反应器和管式反应器。单段反应器主要用来治理入口浓度不太大、放热不太多的废气。多段反应器主要用来治理入口浓度稍大的废气。管式反应器多用来治理反应热比较大的烟气。在玻璃窑炉烟气治理中,由于入口烟气中 NO_x 的浓度一般在 1 200～3 000 mg/Nm³,多采用多段反应器。工程实例中,在 SCR 反应器本体内自上至下布置四层催化剂,四层催化剂采用 3+1 结构,初期布置三层,预留一层催化剂位置,当第一层催化剂脱硝效率下降,无法达到排放要求时,可在预留位置上安装新的催化剂床层。反应器本体依烟气气流流向分喷氨段、混合段、均流段、反应段四段,气流依次通过四段完成净化,最终达标排放。

(6)催化剂的处理

SCR 脱硝工艺中,催化剂的使用寿命一般为 3 年,催化剂的用量呈现出逐年增加趋势,废弃的催化剂也随之逐年增长。大多数的催化剂中含有 V_2O_5、WO_3 等重金属成分,属于危险废物,处理不当将给环境带来极大的危害。催化剂常用的处理方法有填埋法、固化法和化学法三种。采用化学法处理催化剂往往能够回收其中的重金属,从根本上净化重金属,减轻对环境的潜在危害,对于含有 V_2O_5、WO_3 的催化剂常见的处理方法如下:

还原浸出法:首先清洗催化剂以去除表面飞灰、重金属等物质,然后破碎、预焙烧,加入一定量的 NaOH 溶液溶解,固液分离。在固液分离得到的沉淀物中加入硫酸,经浸出、沉降、水解、盐处理、焙烧,得到 TiO_2,在固液分离得到的溶液中,滴加硫酸调节 pH,然后加入过量硝酸铵沉钒,静置沉淀,进行第二次固液分离,得到偏钒酸铵沉淀和溶液,将偏钒酸铵高温分解,获得 V_2O_5 成品,对于第二次固液分离得到的溶液,加入盐酸调节 pH,再加入 NaCl,得到钨酸钠,通过过滤、离子交换等工艺,得到钨酸钠副产品。

酸性浸出法:将清洗后的催化剂加入到盐酸溶液中,同时加入氯化钾,将四价钒氧化成五价钒,升温浸出。V_2O_5 浸出率可达 95%~98%。过滤后的溶液还可再用碱溶液调节 pH 并煮沸,进一步回收 V_2O_5,提高 V_2O_5 的回收率。

碱性浸出法:因为 V_2O_5 为两性氧化物,既可以采用酸性溶液浸取回收,还可以采用碱性溶液浸取回收。采用碱性溶液回收时,一般将催化剂置于 NaOH 或 Na_2CO_3 溶液中在温度 90 ℃ 条件下浸取一定时间后,过滤,将过滤液的 pH 调至 1.6~1.8,煮沸后提取 V_2O_5 沉淀。碱法回收率与酸法相差不大,但碱法回收的 V_2O_5 纯度不如酸法高。

3. 湿法烟气脱硝

常用的工艺有碱液吸收法、吸收-还原法、氧化-吸收法。由于 NO 难溶于水和碱液,影响湿法烟气脱硝效率的一个因素为氧化度,即废气中 NO_2 与 NO_x 的比值。当氧化度为 50%~60% 时,吸收效率最高。对于玻璃窑炉烟气,由于产生的 NO_x 主要为 NO,氧化度不高,往往需要采用氧化剂氧化-碱液吸收脱硝法。国内有报道采用 $KMnO_4$ 作为氧化剂、消石灰作为吸收剂的工程实例,但实践证明由于强氧化剂的氧化作用及碱液的腐蚀作用,造成输送管道和喷枪的腐蚀,更换频繁,对后续烟气处理设备的使用寿命造成影响,同时还存在着总 NO_x 浓度下降,NO_2 含量上升冒棕色烟及运行成本高的难题有待解决,推广难度较大。当前玻璃窑炉烟气湿法烟气脱硝技术存在着技术需要进一步开发、工艺参数需要进一步优化、成本需要进一步降低、腐蚀问题需要进一步解决等问题。

3.3 超低排放脱硝新技术

1. 陶瓷催化剂袋式脱硫、脱硝、除尘一体化超低排放技术

陶瓷催化剂袋式脱硫、脱硝、除尘一体化超低排放技术对玻璃窑炉烟气高温中

低硫化物、高氮化物烟气的净化效果良好。该技术具有一体化烟气净化技术,流程短,能耗低;烟气脱除效率高,可实现工业窑炉烟气超低排放;陶瓷催化剂过滤元件寿命长达 5~8 年,运行成本低等。其技术工艺流程及净化指标如图 4-3-1 所示。

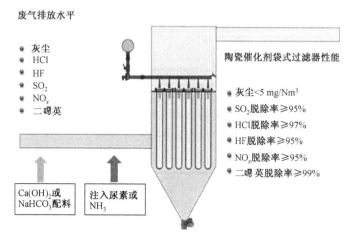

图 4-3-1　陶瓷催化剂袋式脱硫、脱硝、除尘一体化超低排放技术工艺流程

其净化机理如图 4-3-2 所示。

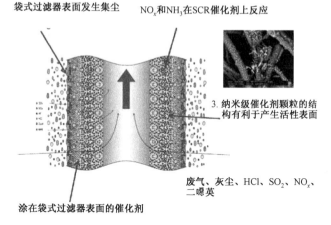

图 4-3-2　陶瓷催化剂袋式脱硫、脱硝、除尘一体化超低排放技术净化机理

2. 脱硫、脱硝、脱汞一体化超低排放技术

脱硫、脱硝、脱汞一体化超低排放技术是一种湿法净化技术,适用于低温、低浓度氮化物和高浓度硫化物玻璃窑炉烟气的净化。本技术具有流程短、超低排放、效率高、液体催化剂重复利用、产生高纯化肥、解决固废问题等优点,其工艺路线如图 4-3-3 所示。

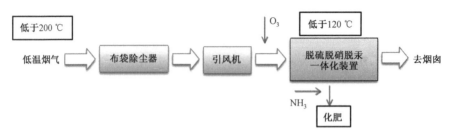

图4-3-3　脱硫、脱硝、脱汞一体化超低排放技术工艺路线

3. 组合式烟气超低排放技术

该技术低氮燃烧技术与一体化烟气集成净化系统结合使用,最终实现工业窑炉的高效节能及烟气的超低排放。其工艺路线如图4-3-4所示。

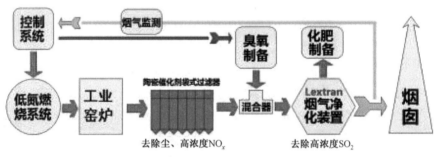

图4-3-4　组合式烟气超低排放技术工艺流程

综上,由于大气污染的严重性,玻璃窑炉烟气净化势在必行。玻璃窑炉使用的燃料包括重油、天然气、石油焦、焦炉煤气等,烟尘成分复杂,比重轻,黏度大,粒度细,含易导致催化剂中毒物质,净化难度大。除尘脱硫技术比较成熟,减少 NO_x 的排放技术是目前研究的热点,对于 NO_x 净化技术,通过本书的上述分析得出如下结论:

(1)采用富氧燃烧或全氧燃烧虽然可降低 NO_x 的生成量,但是对窑炉的耐火砖及技术提出了较高要求。

(2)SCR脱硝技术的核心是催化剂。如何预防催化剂堵塞、提高催化剂的催化效果和使用寿命,解决催化剂的处置问题是当务之急。

(3)湿法烟气脱硝技术还存在着成本高、技术参数需要进一步优化的问题,需要进一步研究和探索。

(4)烟气净化新技术在提高净化效率、简化操作工艺方面具有优越性,为技术创新提供了思路。

参 考 文 献

[1] 吴承遇,卢琪,陶瑛.艺术玻璃和装饰玻璃(六)——热弯玻璃和热熔玻璃[J].玻璃与搪瓷,2008,36(1):44-49.

[2] 贾厚富,汪臻瑜,舒晓明.浅谈热熔玻璃制作过程[J].玻璃,2014,41(11):4.

[3] 王守信,郭亚兵.环境污染控制工程[M].北京:冶金工业出版社,2006.

[4] 沈锦林,王小隶,宋晨路.玻璃熔窑富氧燃烧的几个关键问题[J].能源工程,2002(1):3.

[5] 王雁林.天然气浮法玻璃窑炉烟气除尘脱硝技术研究[J].中国高新技术企业,2010(16):85-87.

[6] 佟士秋,沈炳龙.玻璃窑炉烟气 SCR 脱硝工业应用[C].全国玻璃工业节能新技术交流大会,2010.

[7] 蒙洁.玻璃窑炉烟气处理工艺探讨[J].科学之友,2010(5):6-8.

[8] 张奎.玻璃熔窑烟气催化氧化吸收法(COA)脱硝技术中试效果分析[J].玻璃,2015(8):31-36.

[9] 武丽华.玻璃熔窑 NO_x 的生成机理和消除方法[J].玻璃,2015(4):24-27.

[10] 李广超,傅梅绮.大气污染控制技术[M].北京:化学工业出版社,2011.

[11] 赵匡华.试探中国传统玻璃的源流及炼丹术在其间的贡献[J].自然科学史研究,10(2):12.

[12] 郑璐.屋顶上的华彩世界:官式建筑琉璃构件[J].中国建材报,2022(11):22.

[13] 杜昕,杜坤.琉璃烧制技艺[M].北京:北京美术摄影出版社,2020.

[14] 李小娟,周美茹,安晓燕,等.热熔装饰玻璃生产工艺控制研究与实践[J].玻璃,2021,48(3):21-24.

[15] 李小娟,周美茹,武丽华,等.热熔装饰玻璃退火温度及表面质量控制研究与实践[J].玻璃,2021,48(5):28-32.

[16] 赵彦钊,殷海荣.玻璃工艺学[M].北京:化学工业出版社,2006.

[17] 伍洪标.玻璃退火温度的简易计算方法[J].玻璃与搪瓷,2004,32(3):4.

[18] 宋炯生,李建伟,席国勇.SO_2 处理浮法玻璃下表面的作用及其机理[J].玻璃,2005,32(6):2.

[19] 李小娟,谢志峰,邵佳慧.玻璃窑炉脱硝技术探讨[J].玻璃,2017,44(8):9.

附 彩 图

第1篇 热熔玻璃生产技术

浅绿色谷纹玻璃璧 战国
直径8厘米，厚0.2厘米
1958年湖南省长沙市牛角塘29号
战国楚墓出土
湖南省博物馆藏

灰黄色谷纹玻璃璧 战国
直径11.5厘米，厚0.26厘米
1958年湖南省长沙市电影学校
战国楚墓出土
湖南省博物馆藏

蛋青色谷纹玻璃璧 战国
直径11.3厘米，厚0.35厘米
1958年湖南省长沙市杨家山18号
战国楚墓出土
湖南省博物馆藏

图1-2-1 战国时期玻璃璧

图1-2-2 清乾隆时期单色玻璃器皿

图1-2-3 清代价值连城的玻璃器皿

图1-2-4 亚历山大碗
（大英博物馆藏）

图1-2-5 马赛克玻璃碗
（维多利亚和阿尔伯特博物馆藏）

图 1-2-6　热熔玻璃与热弯玻璃对比图

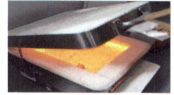

图 1-2-7　热熔玻璃加工基本工艺

图 1-2-8　浇筑玻璃加工工艺

图 1-2-9　热熔玻璃门料

图 1-2-10　热熔玻璃背景墙

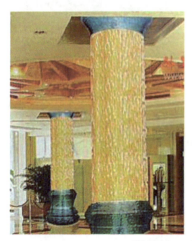

图 1-2-11　热熔柱及热熔壁画

图 1-2-12　热熔玻璃艺术品

图 1-3-2 彩色点缀热熔玻璃

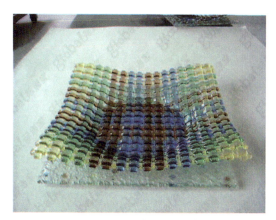

图 1-3-3 网络热熔玻璃

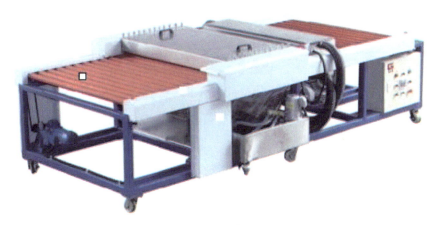

图 1-3-4 玻璃洗片机

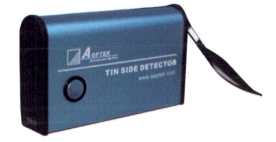

图 1-3-5 锡面仪

图 1-3-7　热熔颗粒

图 1-3-8　热熔块

图 1-3-9　石膏模具

图 1-4-1　热熔炉内石英砂

图 1-4-2　高温棉(陶瓷纤维高温标准纸)模具

图 1-4-3　土砂陶模具

图 1-4-4　陶瓷模具

图 1-4-5　热熔玻璃台盆

图 1-4-6　热熔果盘

图 1-4-7　热熔烟灰缸

图 1-4-9　单炉体外形尺寸为 13.90 m×4.46 m×0.98 m,总长度 27.8 m 的超大热熔炉外形

图 1-4-10　超大热熔炉内部结构及退火玻璃

图1-6-1　水波纹热熔玻璃

图1-6-2　太阳花、卷曲浪头图热熔玻璃

图1-6-3　乱石做法热熔玻璃

图 1-6-4　冰峰与叠纹热熔玻璃

图 1-6-5　热熔镜玻璃

图 1-6-6　热熔热弯玻璃

图 1-6-7　撒金箔、碎玻璃热熔玻璃

图 1-6-8　热熔艺术玻璃系列

图 1-6-9　琉璃玻璃系列

第 2 篇　琉璃玻璃生产技术

图 2-1-1　西汉中山靖王琉璃耳杯

图 2-1-2　古代琉璃瓦

图 2-1-3　现代琉璃艺术品

图 2-2-1　后母戊鼎

图 2-2-2　古法琉璃艺术品

第 3 篇　热弯玻璃生产技术

图 3-1-3　常见热弯玻璃实物图

图 3-2-7　实心模具　　　　　　　　　　图 3-2-8　空心模具

图 3-3-7　热弯玻璃实物图

图 3-5-1　曲面家用热弯玻璃

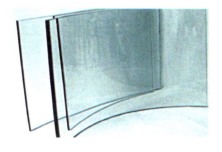

图 3-5-2　曲面建筑用热弯玻璃